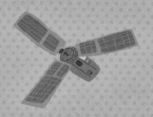

통합하고 통찰하는 통통한 과학책 1

2020년 1월 6일 1판 1쇄
2022년 3월 14일 1판 3쇄

지은이 정인경

편집 정은숙·박주혜 **디자인** 김민해
제작 박흥기 **마케팅** 이병규·양현범·이장열 **홍보** 조민희·강효원
인쇄 천일문화사 **제책** J&D바인텍

펴낸이 강맑실 **펴낸곳** (주)사계절출판사
등록 제406-2003-034호 **주소** (우)10881 경기도 파주시 회동길 252
전화 031)955-8588, 8558 **전송** 마케팅부 031)955-8595 편집부 031)955-8596
홈페이지 www.sakyejul.net **전자우편** skj@sakyejul.com
블로그 blog.naver.com/skjmail **페이스북** facebook.com/sakyejul
트위터 twitter.com/sakyejul

ⓒ 정인경, 2020

값은 뒤표지에 적혀 있습니다. 잘못 만든 책은 서점에서 바꾸어 드립니다.

사계절출판사는 성장의 의미를 생각합니다.
사계절출판사는 독자 여러분의 의견에 늘 귀기울이고 있습니다.

ISBN 979-11-6094-530-0 43400
ISBN 979-11-6094-532-4 (세트)

통합하고 통찰하는

통통한 과학책 1

정인경 지음

사□계절

서문

"과학 공부를 이렇게 했더라면
좋았을 텐데……."

시대가 변화하고 있습니다. 기계가 인간보다 더 많은 지식을 보유하고 더 빠르고 능률적으로 정보를 처리할 수 있게 되었습니다. 이제 우리는 기존의 지식을 이해하는 차원을 뛰어넘어, 새로운 아이디어와 가치를 생산하는 인재가 필요해졌어요. 2015년에 교육 과정이 개정되어 문과와 이과의 칸막이를 없앤 것도 이 때문입니다. 지식을 폭넓게 받아들이고 생각하는 힘을 키우기 위해 인문, 사회, 과학 기술을 통합한 교과과정으로 바뀌게 되었지요.

그런데 오랫동안 문과와 이과로 나눠진 교육 제도가 변화하기는 쉽지 않습니다. 중고등학교 현장이나 입시 제도, 대학 교육과정에서 시행착오가 거듭되고 있어요. 아마 몇 년은 이러한 진통이 계속될 것 같습니다. 저는 대학에서 과학사와 과학기술학을 가르치고 교양 과학책을 쓰는 작가로서, 이 문제가 제 일처럼 느껴집니다. 우리 사회에서 '과학과 인문학의 융합'이 꼭 필요하다는 것을 잘 알고 있으니까요. 그래서 청소년들의 학교 공부에 도움이 되고, 부모님과 선생님이 함께 읽을 수 있는 책을 준비하게 되었습니다.

그러면 어떤 책이 써야 하나? 이런저런 고민을 하다가 강의 시간에 학생들에게 들었던 말을 떠올렸어요. "고등학교 때 이렇게 과학 공부를 했더라면 잘했을 텐데……." 대학생들은 고등학교 때 과학에 흥미를 잃고 담을 쌓게 된 것을 아쉬워했어요. 저는 곰곰이 제 수업 방식을 돌아보면서 학생들에게 피드백을 받았죠. 무엇이 과학 공부에 도움이 되었는지 알아보았습니다.

첫째는 과학을 사람과 사건의 이야기로 설명하는 방식이 좋았다고 합니다. 딱딱한 과학에 스토리텔링을 입히면 공감과 이해의 폭이 넓어지잖아요. 둘째는 '지식이 무엇인지'보다 '왜 이 지식이 중요한지'를 알려주는 것이 좋았다고 해요. 제 수업에서는 뉴턴의 운동법칙이 무엇인지를 설명하기보다 왜 과학에서 뉴턴의 운동 법칙이 중요한지를 이야기하거든요. 한 걸음 뒤로 물러나서 과학을 큰 흐름에서 보면서 "왜 지금 이 공부를 하는지"를 알려 줍니다. 셋째는 과학의 개념을 기초적인 토대부터 차곡차곡 쌓아올려 연결해서 설명하는 방식입니다. 과학에서 가장 기초적 학문이 물리학이듯이 학문 전체에 위계질서가 있거든요.

저는 이러한 학생들의 이야기를 반영해서 이 책을 구상하게 되었습니다. 먼저 과학적 개념을 수식 없이 글로 설명했어요. 글을 읽고 이해하는 경험은 문해력을 향상시킬 뿐만 아니라 과학적 사실을 깨닫는 즐거움을 안겨줍니다. '인간은 진화했다.'나 '마음은 뇌의 활동이다.'와 같은 문장에는 과학적이며 인문학적인 통찰이 들어 있어요. 왜 인간인가? 인간의 본성과 특별함을 자각하게 만드니까요. 그동안 우리는 과학을 느끼고 자신의 삶과 연결해서 생각할 수 있는 기회를 갖지 못했거든요. 이 책을 통해 과학적 감성과 인문학적 통찰이 무엇인지를 보여주려고 노력했습니다.

그리고 현대 과학을 이끄는 '빅 아이디어'를 선정해서 연결했어요. 1권에서는 큰 '질문'을 던지고 물질, 에너지, 진화를 다뤘습니다. 2권에서는 원자, 빅뱅, 유전자, 지능을 다루었는데 20세기 이전과 이후로 나눠서 과학의 핵심적인 개념을 설명했습니다. 1권에 나오는 뉴턴의 고전역학이나 다윈의 진화론은 2권에 나오는 유전공학이나 인공지능을 이해하는 데 기초가 됩니다. 사실 이 많은 내용을 저 혼자 쓰기에는 벅찬 과제였지만 중요한 것은 하나의 과학적 사실이 아니라 과학 기술의 방향성이라는 생각에서 용기를 내보았습니다.

제가 "이걸 왜 공부하지?"라고 자꾸 질문하니까 제 수업 방식이 요즘 유행하는 '메타인지 학습법'이라고 하더군요. 메타인지는 '생각에 대한 생각'으로 내가 무엇을 아는지 모르는지를 아는 것입니다. 소크라테스가 말한 '너 자신을 알라'가 바로 인간의 메타인지를 뜻하죠.

이 책은 '소크라테스의 죽음'에서 시작해서 '인공지능 시대에 살아가기'로 끝맺습니다. 그 사이에 수많은 과학적 발견과 개념이 나옵니다. 물질과 진화, 에너지, 원자, 유전자 등등이 소개되는데 이것들이 서로 연결이 됩니다. 가령 인공지능을 잘 만들려면 인간을 이해해야 합니다. 인공지능의 목표가 인간처럼 생각하는 기계니까요. 인간을 이해하려면 인간이 생명체니까 생명, 진화, 에너지, 유전자 등을 알아야겠죠. 이렇듯 통합적으로 과학을 살펴볼 필요가 있어요.

이 책의 '지능'에서도 메타인지에 대한 이야기가 나옵니다. 그런데 저는 메타인지를 어떻게 키울까보다 다른 측면의 과학적 설명을 해요. 우리는 왜 진화 과정에서 메타인지를 갖게 된 것일까? 메타인지는 인간의 사회적 지능에서 나왔습니다. 여러 사람들이 모여 살다 보니까 서로의 마음을 읽게 되고, 타인의 관점에서 나 자신을 보게 되었죠. 자기 인식, 자기 객관화의 과정에서 메타인지가 발달했습니다. 다른 사람들이 날 어떻게 생각하는지를 파악해서 잘 어울려서 살기 위해 나온 거예요.

소크라테스의 '너 자신을 알라'는 이렇게 우리가 함께 사는 사회를 향합니다. 과학 기술의 방향성이 중요한 이유는 사회 구성원의 안위를 염두에 두고 사회 공동체의 목표를 찾는 것이기 때문입니다. 과학 기술의 발전으로 소수 몇몇이 혜택 받는 것이 아니라 우리 모두가 행복해야 하니까요. 이 책을 통해 과학의 개념이 스며들고, 시대와 사회가 요구하는 과학 기술이 무엇인지를 느낄 수 있었으면 좋겠습니다.

중고등학교 강연장에서 만난 청소년 중에 기억나는 얼굴이 많습니다. 그 아이들의 반짝이는 눈동자가 이 책을 쓰는 데 큰 힘을 주었어요. 공교육 현장에서 다양한 과학책이 읽히길 희망하며, 책 뒤편에 제가 참조한 좋은 과학책을 소개했습니다. 〈고교독서평설〉에 연재한 글 중에서 일부분을 정리해서 실었어요. 부모님이나 선생님들의 독서 지도에 조금이나마 도움이 되길 바랍니다.

2019년 초겨울에
정인경

차례

I ———————〜〜〜〜〜 질문

질문이 있는 곳에
과학이 있었다

질문이 있는 곳에 과학이 있었다

　자, 고개를 들어서 세상을 바라보자. 저 바다에는 넘실거리는 파도가 있어. 하늘에는 두둥실 구름이 떠 있고. 숲 속에는 알록달록한 나무와 꽃이 있고. 지저귀는 새와 벌레, 다양한 동식물이 넘쳐나는데 그 생태계에 인간이 함께 살고 있어. 참으로 아름다운 세상이야! 기원전 6세기 경 그리스의 자연철학자, 탈레스는 세상에 펼쳐져 있는 무궁무진한 현상을 보면서 누구도 생각지 못한 의문을 품었어. 저 수많은 현상을 하나로 통합해서 설명할 수 있는, 근본 물질과 근본 원리는 무엇일까?

　과연 당시 사람들은 질문을 어떻게 받아들였을까? 지금으

14

로부터 2600년 전이니까 하늘의 번개를 올림푸스산에 거주하는 제우스신이 화나서 치는 것이라고 생각하던 시절이었어. 한 해의 농사를 잘 짓기 위해서는 풍작의 여신 세레스의 자비심을 빌어야 한다고 믿었지. 이때는 모든 것을 신이 알고 있다고 생각했어. 신은 알고 인간은 모른다고 말이지. 인간은 그저 신의 뜻대로 살아야 한다고 여겼어.

그런데 탈레스는 초자연적인 존재에 의지하지 않고 자연현상을 설명할 수 있다고 생각했어. "만물의 근본 물질은 무엇일까?" 용기 있게 인간의 무지를 인정하고 질문했던 거야. 그리고 평생에 걸쳐서 이 질문에 답하기 위해 자연세계를 탐구했어. 이것이 도화선이 되어서 수많은 학자들이 탈레스의 질문에 응답하기 시작했지. 그로부터 우리가 잘 알고 있는 소크라테스와 플라톤, 아리스토텔레스가 나왔어. 만약에 이 질문이 없었다면 철학도, 과학도 없었을 거야.

우리는 과학책에서 과학적 발견이나 결과물보다 과학자들이 했던 질문의 위대함을 배워야 해. 왜 이런 질문을 던졌을까? 왜 이 질문이 중요한 거지? 이렇게 질문의 가치를 깨달아야 자신이 공부하는 이유도 찾을 수 있어. 과학 공부가 단순히 답이 정해져 있는 시험 문제 풀이가 아니거든. 그리스에서 과학이 탄생한 이후로 현대 과학에 이르기까지 과학은 계속 새로운 이론으로 대체되었어. 과학의 힘은 기존의 이론을 끊임없이 의심하고 비판하고 탐구하는 과정에서 나왔어.

책이나 영화에서 보면 과학자들이 한 순간에 뭔가를 발견한 것처럼 그려지는데 그건 사실이 아니야. 우리는 실패와 실수를 통해 무엇을 모르고 아는지를 깨닫잖아. 과학자의 자각과 발견은 무수히 많은 실패를 겪으면서 나온 거야. 누구도 하지 않은 것을 의심하고 탐구하며 사는 것은 외롭고 고달픈 삶이지. '질문을 품고 사는 삶'은 죽을 때까지 포기하지 않고 답을 찾으려고 정진하는 삶이야. 그들이 있었기에 인류는 한 발자국, 한 발자국 진실을 향해 앞으로 나아갈 수 있었어.

이 장에서 여러분에게 알려주고 싶은 것은 두 가지야. 하나는 '모른다는 것'을 받아들이는 자세의 중요성, 또 하나는 '질문을 품고 사는 삶'의 가치야. 역사에는 과학 교과서에 이름을 올리지 않은 과학자들이 수도 없이 많아. 그들은 힘겨운 삶을 살았지만 우리가 모르는 세상의 아름다운 진리를 밝힌다는 생각에, 누가 알아주지 않아도 묵묵히 연구에 몰두했어. 그들에게는 더 나은 진리, 더 나은 세상에 대한 믿음이 있었으니까. 이렇게 질문하고 대안을 찾은 사람들이 있었기에 세상은 좋아진 거야.

1. 세상에 진리가 있다

누구나 한 번쯤 플라톤과 그의 스승 소크라테스에 대해 들어 보았을 거야. 소크라테스는 여러 사람들에게 질문을 던지며 진짜 알고 있는 것이 무엇인지 확인하려고 했지. 그런데 소크라테스가 사람들이 안다고 말하는 것에 대해 의심하게 된 건 그 전에 이미 여러 자연철학자들이 세상에 대해 의문을 품었기 때문인데, 여기서 그 이야기를 좀 해보려고 해.

플라톤에게 가장 소중한 사람

여든 살의 플라톤(B.C. 427~B.C. 347?)은 어느 날 제자의 결혼식 피로연에 참석했어. 흥겨운 피로연은 밤새도록 이어졌어. 웃고 떠들고 즐거운 시간을 보냈지. 동틀 무렵이 되자, 플라톤은 자신의 죽음이 임박했음을 느꼈어. 화려한 잔치가 끝나는 것처럼 인생의 무대에서 떠날 때가 되었음을 말이야. 올리브나무 그늘에 앉아서 플라톤은 눈을 감고 자신의 인생을 돌아보았어.

"아! 아테네여, 에메랄드빛으로 반짝이던 지중해의 바다여. 그 위로 눈부시게 쏟아지던 햇살, 아카데미아의 아름다운 올리브 나무 숲, 그 사이를 거닐며 토론하고 사색했던 날들, 그리고 사랑하는 나의 스승과 제자들…….."

플라톤은 사무치게 지난날이 그리웠어. 젊은 날, 자신의 삶을 바꾼 스승 소크라테스(B.C. 470~B.C. 399)가 떠올랐지. 죽음의 그림자가 드리운 순간, 인생에서 가장 간직하고 싶은 소중한 기억은 소크라테스와의 만남이었어. 아테네의 귀족 명문가에서 태어난 플라톤은 스무 살이 되던 해, 거리의 철학자 소크라테스를 만났어. 그는 평소에 이렇게 말하곤 했어.

"나는 야만인이 아니라 그리스 사람으로, 노예가 아니라 자유민으로, 여자가 아니라 남자로, 그리고 무엇보다도 소크라테스와 같은 시대에 태어난 것을 감사한다."

아테네의 시민으로서 소크라테스와 동시대인으로 사는 것에 자부심을 느끼고 살았지만 그의 삶은 녹록지 않았단다. 그가 사랑하는 아테네는 참혹한 전쟁에 시달렸어. 강대국 페르시아의 침략에 맞서야 했고, 페르시아와의 전쟁이 끝난 후에는 내전에 접어

들었지. 아테네와 스파르타 두 도시국가는 다시 펠로폰네소스 전쟁을 일으켰어. 기원전 431년에서 404년까지 거의 30년 동안 이어진 전쟁으로 아테네는 그야말로 초토화됐지.

또 플라톤은 소크라테스의 비참한 최후를 잊을 수 없었어. 아테네 시민의 고발로 소크라테스가 사형을 당했거든. 아테네에서 왜 이런 일이 일어나는지, 플라톤은 눈앞에서 벌어지는 일들을 믿을 수가 없었어. 왜 현명하고 죄 없는 소크라테스가 잘못된 판결을 받아야 했는지, 아테네는 왜 끊임없이 전쟁의 고통에서 헤어나지 못했는지. 인간이 추구해야 할 가치가 무엇인지, 모두가 살기 좋은 사회란 어떤 곳인지, 세상에 진리가 있기나 한 것인지, 정말 답답한 노릇이었지. 그래서 플라톤은 학문에 정진하기 시작했어. 어떻게든 이 현실을 바꾸고 싶었거든. 그렇게 80년의 생이 흘러갔지. 플라톤은 가장 행복했던 소크라테스와의 만남, 그리고 가장 불행했던 소크라테스와의 이별을 떠올리며 눈을 감았어.

소크라테스의 죄는 무엇인가?

소크라테스는 무슨 죄목으로 사형에 처해졌을까? 아테네 시민들이 소크라테스를 고발한 죄목은 젊은이들을 타락시키고 신을 믿지 않았다는 거야. 무신론자이며 사회 질서를 어지럽혔다는 거지. 어떻게 젊은이를 타락시키고 사회에 해악을 끼쳤다는 것인지, 찬찬히 소크라테스의 행적을 따라가 보자.

소크라테스는 공공연히 자신이 세상에서 가장 지혜로운 사람이라고 떠들고 다녔어. 잘난 척한다고 눈살을 찌푸릴 일이라고 해도 이것이 죄는 아니야. 그런데 소크라테스가 이렇게 말한 데에는 다 이유가 있었어. 신이 소크라테스가 가장 지혜롭다고 인정했다는 거야. 어느 날 델피 신전에 가서 소크라테스가 물어봤어. "세상에서 가장 현명한 사람이 누구인지 궁금합니다. 저보다 더 현명한 사람이 누구일까요?" 그랬더니 신의 뜻을 전달하는 여사제가 "세상에 너보다 더 현명한 사람은 없다"고 말했다는 거야. 소크라테스도 처음에 의아했지. "아니, 그럴 리 없습니다. 저는 제가 무식하다는 것을 잘 압니다. 저는 세상이 어떻게 생겨났는지도 모르고, 하늘이 왜 파란색인지도 모르고, 모르는 것이 정말 많습니다." 그렇게 말했는데도 신탁을 받은 여사제는 다른 말을 하지 않았어. 답답해서 자꾸 물어도 묵묵부답이었지.

소크라테스는 신전을 나와 그길로 유식하다고 소문난 사람들을 찾아다녔어. 정치인, 시인, 장인, 예술가 등을 만났는데 실망만 하고 돌아왔어. 그들은 잘 알지도 못하면서 아는 척하는 사람들이었어. 그들은 안다고 착각하고 다른 사람들을 가르치려고 들었지. 소크라테스가 묻는 말에 대답도 못 하면서 자신의 무지를 인정하지 않았단다. 이때 소크라테스는 무릎을 탁 치면서 깨닫게 된 거야. "앗! 이래서 신이 나보고 가장 현명한 사람이라고 했구나. 신이

　　　　　　　　　　　　　　　　통통한 과학책 1

말한 지혜는 '모른다는 것을 안다'는 것이 아닐까?"

　　이렇게 소크라테스는 '무지(無知)의 지(知)'를 터득했어. 스스로 '모른다는 것을 안다'는 것이 얼마나 중요한지를 알게 된 거야. 그때부터 사람들에게 무지의 지를 설파하고 다녔어. "너 자신을 알라!" 이것은 네가 얼마나 모르는지를 알라, 무엇을 잘못했는지를 알라는 뜻이야. 우리는 완벽하지 않은 인간이라서 모르는 것이 정말 많지. 자신의 부족한 점을 알고 고쳐 나가는 것이 중요하잖아. 소크라테스는 사람들의 무지를 일깨우고 반성과 성찰을 촉

구했어. 끊임없이 질문을 던지며 우리가 잘 살고 있는지, 우리 사회가 살기 좋은 곳인지를 스스로 묻도록 다그쳤어. 그 과정에서 플라톤과 같은 젊은이들을 만나 가르침을 주었던 거야.

아테네에서 전쟁이 자꾸 일어난다면 정치가 잘못되고 있는 것이 아닐까? 사람들이 가난하고 불평등하고 행복하지 않다면 뭔가 문제가 있는 것일 테고, 더 나은 방식이나 제도를 찾아야 하는 것이 아닐까? 이렇게 소크라테스가 설득하자, 젊은이들이 깨어나기 시작했어. 플라톤처럼 공부하는 이유를 알았고, 현실 개혁이 필요하다는 것을 자각했지. 바로 이것이 젊은이를 선동하고 타락시켰다는 죄야. 아테네의 권력자들은 소크라테스의 행보가 못마땅했어. 그들은 똑똑한 시민들이 정치가의 잘못을 지적하고 고치라고 요구하는 것이 두려웠거든. 그래서 소크라테스에게 사회 질서를 어지럽힌다는 죄를 씌웠어.

또 하나의 죄목은 소크라테스가 무신론자라는 거였어. 무신론이란 신을 믿지 않는 것을 뜻하는데 신을 믿지 않는 것이 무엇인지는 좀 불분명하지. 어떻든 사람들은 소크라테스를 몰아세웠어. "소크라테스는 해가 돌이고 달이 흙이라고 말하고 다닙니다." 그런데 해와 달이 돌과 흙으로 이뤄졌다는 말은 소크라테스가 한 말이 아니었어. 소크라테스보다 200년이나 앞서 살았던 아낙시만드로스라는 자연철학자가 했던 주장이야.

오래전부터 소크라테스는 탈레스, 아낙시만드로스, 아낙사

통통한 과학책 1

고라스와 같은 자연철학자들의 이야기에 귀 기울였어. 자연철학자들은 해가 뜨고 달이 지는 현상을 신이 해와 달을 수레에 싣고 움직여서라든가, 비가 오고 천둥 치는 것을 제우스 신이 큰소리치면서 오줌 누는 것이라고 여기지 않았어. 자연철학자들은 천체 운행과 자연 현상이 신이 만들어 낸 것이 아니라 자연적인 원인에 의해 발생한 것이라고 보았지. 소크라테스는 자연철학자의 이야기가 더 합당하다고 생각했어. 비가 오고 천둥 치는 것은 제우스 신의 농간이 아니라 구름이 모여서 대기가 불안정해서 일어나는 현상으로 보는 것이 맞다고 말이야. 이런 생각을 거리낌 없이 말하고 다녔더니, 사람들은 소크라테스가 신을 모독했다고 분개했어.

사실 소크라테스가 무신론자라는 비난을 받은 것은 어제오늘의 이야기가 아니야. 그로부터 20년 전, 아리스토파네스의 희극 〈구름〉에서도 등장하는데 한번 들어 볼래?

> **스트렙시아데스** 정말이지 나는 전에는 제우스가 체에다 오줌을 누면 비가 오는 줄 알았어요. 그럼 천둥소리를 울려 저를 떨게 하는 건 누구죠? 말씀해 주십시오.
>
> **소크라테스** 그것들도 이분들(구름)께서 하시는 거지. 빙글빙글 뒹구실 때 말일세.
>
> **스트렙시아데스** 정말 못 말릴 분들이시군요. 방금 뭐라 하셨죠?
>
> **소크라테스** 이분들께서 물기로 가득 차 움직이시지 않을 수 없

게 되고, 비의 무게로 필연적으로 아래로 처지실 때면, 무거워
진 몸들이 서로 부딪혀 부서지며 굉음을 내는 거지.

스트렙시아데스 누가 이분들(구름)을 움직이지 않을 수 없게 하
죠? 제우스 아닌가요?

소크라테스 천만에! 그건 하늘의 소용돌이라네.

스트렙시아데스 소용돌이라뇨? 그런 말은 금시초문인데요. 제
우스는 존재하지 않고 그 대신 지금은 소용돌이가 지배한다는
것 말입니다. 대체 무슨 의도에서 신들을 모독하고 달님의 자리
를 엿보는 거지? 자, 소크라테스를 쫓고, 흠씬 두들겨 패 주어
라! 무엇보다 저들이 신들을 모독했기 때문이다.

이렇게 소크라테스는 온갖 수모를 겪었지. 그런데도 그는
자신의 뜻을 굽히지 않았어. 자연철학자들의 주장이 신화보다 더
설득력 있다고 생각했거든. 더 설득력 있는 이야기를 받아들여야
지, 전해 내려오는 이야기라고 무턱대고 믿어서는 안 되잖아. 세상
에는 모르는 것투성이인데 우리가 자신의 무지를 인정해야 다른
사람의 가르침에서 배울 수 있어. 하지만 사람들의 생각은 멈춰 있
었지. 소크라테스는 이러한 고정관념과 편견에 끝까지 저항했던
거야. 신성 모독죄는 사람들이 가져다 붙인 죄일 뿐이었어.

진리를 믿고 죽다

플라톤은 소크라테스가 구속되는 순간에도 사형이 내려질 것이라고 예상하지 않았어. 절대로 그렇게 나쁜 결과는 일어나지 않을 것이라고 믿었지. 왜냐면 아테네는 민주주의 사회였거든. 아무리 권력자들이 소크라테스를 고발하고 법정에 세웠더라도 판결을 내리는 배심원은 아테네 시민이었으니까. 아테네는 직접 민주주의에 입각한 다수결의 원칙에 따라 재판이 진행돼. 재판관과 배심원은 18세 이상 아테네 남자들 중에 500명을 뽑아서 구성했어. 그들의 의견에 따라 유죄와 무죄가 판가름 나거든. 플라톤은 아테네의 시민들을 믿었고 소크라테스가 무죄 방면될 것이라고 확신했어.

그런데 유무죄를 가리는 첫 번째 재판에서 유죄로 판결 났어. 소크라테스가 직접 나서서 열렬히 자신을 변호했는데도 말이야. 형의 종류와 양을 가리는 두 번째 재판에서는 사형이 내려졌지. 결과적으로 소크라테스를 죽인 것은 권력자가 아니라 아테네 시민이었지. 500명이라고 하지만 이들은 아테네 시민 모두를 대변하고 있었어. 플라톤은 배신감에 치가 떨렸어. 왜 이런 일이 일어났을까? 곱씹어서 생각하고 또 생각했지. 자신이 세상 물정 모르는 순진한 서생이었다고 자책하고 또 자책했던 거야.

플라톤은 대중의 심리를 몰랐던 거야. 그들은 아무 생각 하지 않고 그저 하루하루 편히 살기만을 바랐지. "당신들에게 문제가 있소, 한번 생각해 보시오." 사람들은 이런 말이 듣기 싫었어. 자신이 올바르게 살지 않으며, 불행하고 의미 없는 삶을 산다는 것을 인정하고 싶지 않았거든. 불행한 것보다 더 두려운 것은 불행을 인정하는 거였지. 불행을 인정하고 나면 비참해지니까. 사람들은 불행하지 않다고 자기 합리화를 하고 사는 데 익숙해져 있었어. 그들은 수고롭게 반성하고 성찰하고 지혜롭게 사는 삶을 원치 않았어. 옳고 그름을 헤아려 자신과 사회를 비판하고 더 나은 삶과 더 좋은 사회로 바꿔 나가는 것을 바라지 않았어. 그들은 생각하는 것도 귀찮았고, 변화도 싫었어. 자신의 삶을 바꾸는 것보다 소크라테스의 입을 틀어막는 것이 낫다고 생각했던 거야.

아테네 사람들은 소크라테스를 싫어했어. 아니 무서워했다는 말이 맞겠지. 그래서 소크라테스를 죽였던 거야. 플라톤은 이 기만적인 상황에 엄청나게 충격을 받았어. 스물여덟 살의 젊은 나이에 세상이 끝난 것처럼 고통스러웠지.

플라톤은 지난날 소크라테스가 했던 말들을 잊을 수가 없었어. "스승님, 세상에 진리가 있습니까? 진리를 탐구하는 목적이 무엇인가요? 우리는 어떻게 살아야 하나요?" 플라톤이 이렇게 물을 때마다 소크라테스는 "올바르게 착하게 아름답게 살아라. 우리가 추구하는 진, 선, 미는 인간다운 삶의 가치"라고 말했어.

소크라테스의 죽음이 의미하는 것은 무엇일까? 그는 세상에 진리가 있음을 온몸으로 보여 줬어. 진리를 위해 모든 것을 던졌어. 그는 불의와 타협하지 않았지. "죽음을 피하기는 어렵지 않다. 하지만 사악함을 피하는 것은 훨씬 더 어렵다." 이렇게 외치면서 소크라테스는 우리 곁을 떠났어.

이 사건 이후에 플라톤은 소크라테스의 철학을 세상에 알리는 데 평생을 바치겠다고 다짐했어. 소크라테스의 재판과 죽음을 시리즈로 엮어서 책을 냈지. 바로 『에우티프론』, 『변명』, 『크리톤』, 『파이돈』 등이야. 소크라테스는 책을 한 권도 쓴 적이 없어. 우리가 읽고 있는 소크라테스 관련 책은 대부분 플라톤이 쓴 거야. 2500년 전 소크라테스의 사상과 행적이 고스란히 담긴 『대화』는 무려 30여 편에 이르고, 원형 그대로 오늘날까지 전해지고 있어. 플라톤은 스승의 대화를 기록하고 묶어서 후대에 남기는 중요한 일을 했지. 플라톤이 없었다면 소크라테스의 위대한 사상은 역사 속에 파묻히고 아무도 몰랐을 거야.

플라톤은 스승 소크라테스를 진정으로 사랑하고 존경했어. 소크라테스는 태어날 때부터 유난히 못생긴 외모였지만 플라톤은 『파이돈』에서 소크라테스를 가장 선하고, 현명하고, 고귀한 사람이라고 불렀어. 소크라테스는 어린 시절에 외모보다 마음을 아름답게 해 달라고 기도했다는데 소원대로 세상 누구보다 아름다운 사람으로 다시 태어난 거야. 제자 플라톤의 손으로 인류의 뇌리에 잊히지 않은 불멸의 철학자가 되었지.

과학뿐만 아닌 모든 학문은 소크라테스에게 빚을 지고 있어. 세상에 '진리'라고 이름 붙여진 지식은 '모른다'는 자각에서 출발했지. 우리가 안다고 믿는 것조차 의심하고 진실을 밝히려는 과정에서 과학이 나왔어. 뉴턴이나 다윈, 아인슈타인은 소크라테스의 '무지의 지'를 기꺼이 받아들인 과학자들이야.

　　과학자는 진정 소크라테스의 후예라고 할 수 있어. 이들은 절대적인 진리가 아닐지라도 상대적으로 더 나은 진리가 있다는 신념이 있었어. 현재에 알려진 사실에 안주하지 않고 끊임없이 진리를 탐구하는 것이 과학의 정신이야. 진리가 있다는 믿음이 있었기 때문에 멈추지 않고 새로운 질문을 하고 답을 찾을 수 있었단다.

2. 신화에서 과학으로

과학을 발전시킨 민주주의

과학의 탄생은 질문으로부터 시작되었어. "만물의 근본 물질은 무엇인가?" 이 질문은 소크라테스가 태어나기 200년 전쯤 나왔지. 기원전 6세기경에 고대 그리스에 천재들이 나타났어. 탈레스, 아낙시만드로스, 아낙시메네스, 피타고라스, 헤라클레이토스, 파르메니데스, 엠페도클레스, 아낙사고라스, 데모크리토스 등이야. 이들을 소크라테스 이전의 자연철학자들이라고 불러. 서양 철학과 과학을 탄생시켜서, 고대 그리스를 역사에 길이 남긴 위대한 인물들이지.

그런데 과학사학자나 역사학자들은 의문이 드는 거야. 당시에 고대 그리스 말고도 다른 문명권에서도 학문과 기술이 발전하고 있었거든. 이집트, 바빌로니아, 중국 등에서도 찬란한 문화유산이 꽃피고 있었지. 그런 곳에서도 기술이 발달하고 문화가 융성했지만 자연에 대한 질문은 활발하게 나타나지도 탐구되지도 않았어. 왜 그랬을까? 어떤 역사적 환경에서 과학이 탄생하게 된 것일까? 궁금하지 않을 수가 없었지. 또 자연철학자들이 탐구했던 과학 활동은 무엇이었길래, 과학자나 역사가들이 높이 평가하는 것일까? 다른 문명권에서는 천문학이 발전하고 달력을 만들었는데 그리스의 과학 활동과 어떤 차이가 있는 것일까?

사실 자연철학자들이 활동했던 지역은 그리스 본토가 아니라 식민지였던 이오니아의 해변이었어. 그것도 이오니아의 작은 도시 밀레투스였지. 왜 하필 그때, 그곳이었을까? 대부분의 역사학자들은 그 시기의 그리스가 경제적으로나 문화적으로 부유하고 풍요로웠다고 말하고 있어. 밀레투스는 무역과 상업의 중심으로 교역이 활발한 국제도시였단다. 이곳 사람들은 페니키아 문자를 받아들여 그리스어를 창안해서 사용하고 있었지.

그리스는 무엇보다도 도시국가를 건설해 시민이 참여하는 직접 민주주의가 꽃피었던 곳이야. 이집트와 메소포타미아, 중국의 고대 문명이 강력한 중앙 집권 국가였던 것과 비교하면 그리스의 민주주의는 아주 특이한 정치 체제였어. 어떤 면이 그러했을까? 먼저 '폴리스'로 불리는 도시국가에는 거대한 궁전이 없었어. 왕도 없었고, 왕위를 물려줄 왕자도 없었어. 정치 권력을 위임받은 관료도 없었으며, 교회의 성직자와 같은 종교 권력도 없었어.

모든 시민은 직접 정치에 참여해서 스스로를 통치했지. 자신의 삶에 영향을 미치는 사회적·정치적 문제를 주체적으로 결정하고, 개인의 자유로운 삶을 보장하는 동시에 사회적 공공성을 지키기 위해 노력했어. 바로 이것이 자기가 자기를 통치하는 직접 민주주의야. 그리스의 폴리스에는 다양한 계층의 시민이 있었는데 그중 대다수는 글을 읽고 쓸 줄 알았어. 이들이 중심이 되어서 권력을 스스로 조직한 거야. 중요한 문제를 최적으로 결정할 수 있는 방법이 무엇인지를 끊임없이 토론했어. 특히 사람들이 많이 모여 살 때 발생할 수 있는 '공정성'의 문제, 또 '부정부패'를 방지하거나 처리하는 문제에 관심을 기울였지. 어떻게 세금을 걷고 나눠야 할지, 어떤 절차와 방법이 있는지 등 규칙을 올바르게 세우고 시행하려고 노력했어.

이러한 그리스 민주주의는 과학의 탄생에 뚜렷이 영향을 미쳤어. 민주주의와 과학의 탄생은 문화적 근원이 같다고 할 수 있어. 권위적인 사회 분위기에서는 질문을 던지거나 자신의 의견을 말할 수 없잖아. 소통이 잘되는 곳이라야 자유롭게 토론하고 더 나은 결정을 내릴 수 있고, 편견에 빠지지 않을 수 있으니까. 좀 더 합리적이고 객관적인 생각을 할 수 있는 사회는 단 한 사람의 권력자가 지배하는 곳이 아니라 많은 시민이 참여하는 민주주의 사회야.

민주주의라는 사회적 여건이 형성되자, 그리스에서 과학이 봄비 만난 꽃처럼 피어올랐어. 역사적으로 밀레투스에서 탈레스, 아낙시만드로스, 아낙시메네스 등의 자연철학자가 동시대적으로 등장한 거지. 이들은 소크라테스에게 영감을 준 위대한 질문을 했어. 우리는 무엇을 알고, 무엇을 모르는 것일까? 자연철학자들은 우리의 무지가 어디까지인지를 예리하게 자각했어. 세계는 무엇으로 이뤄졌으며, 어떤 원리로 작동하는 것일까? 우주의 근본 물질은 무엇일까? 우주가 하나의 근본 물질로 이뤄졌다면 이것으로부터 어떻게 다양한 현상들이 생겨나는 것일까?

과학적 사고란 무엇인가?

탈레스는 우주의 근본 물질, 만물의 근원을 '물'이라고 생각했어. 처음에 착상은 바빌로니아의 신화에서 얻었지. 하지만 탈레스는 그들과 다른 관점에서 물을 해석했어. 탈레스의 물은 자연의 '물'이야. 모든 생명체가 성장하려면 물이 필요하잖아. 물은 고체·액체·기체 상태가 공존하는 유일한 물질이라고 할 수 있어. 탈레스는 물이라는 물질의 특성에 기초해서 '자연주의적 설명'을 시도한 거야.

자연철학자들은 오래전부터 전해져 오는 이집트, 바빌로니아, 그리스의 신화를 의심했어. 제우스나 헤라클레스와 같은 신이 어찌 천지 만물을 쥐락펴락할 수 있지? 아무리 봐도 타당하지 않았어. 초자연적인 존재는 인간이 만든 상상력의 산물이거든. 우주에서 일어나는 현상을 초자연적인 존재로 설명하는 것은 인간을 만족시키는 재미있는 이야기일 뿐이지.

자연철학자들은 신을 두려워하지 않았어. 자신의 생각을 이렇게 명료하게 밝혔지. "우주는 단순한 것에서 시작되어서 복잡하게 변화한 것이다. 물이나 불, 흙, 공기와 같이 원소들이 작용해서 다양한 현상이 나타난다. 단순한 물질과 원리가 세상을 움직이고 있다." 이들은 인간의 사고력으로 그 원리를 찾아낼 수 있고, 신에 의지하지 않고 세상을 설명할 수 있다고 확신했어. 그리고 신화가 틀렸고, 자신의 이론이 옳다는 것을 증명하려고 애썼지. 신화보다 더 나은 이야기라면 언제든 받아들일 준비가 되어 있었어.

그러면 신화보다 더 나은 이야기라는 것을 어떻게 판가름할 수 있을까? 자연철학자들은 설명력이라고 생각했어. 설명의 힘, 즉 '설명할 수 있다'와 '설명할 수 없다'는 차이 말이야. 예를 들어 비와 바람, 천둥, 번개를 일으키는 대기 현상에 대해 살펴보자. 신화에서 비는 제우스, 바람은 아이올로스가 일으킨다고 했지. 이것은 최종 결론만 있을 뿐, 그 결론에 도달하는 과정에 대한 설명이 없어. 종교나 신화에서 자연 현상은 신적인 존재가 행하는 것이니까 결론은 늘 정해져 있지. "더 이상 묻지 마, 신이 한 거야, 그냥 믿어." 아무런 설명을 하지 않는 이런 태도는 인간의 생각과 상상을 억압하는 거야.

하지만 자연주의적 설명은 사람들에게 상상의 나래를 펼치도록 자극했어. 빗물은 바닷물과 강물이 태양열 때문에 증발해서 구름으로 뭉쳐 있다가 다시 땅으로 떨어진다는 거야. 천둥과 번개는 구름이 서로 격렬하게 부딪쳐서 일어난 것이지. 아낙시만드로스는 이렇게 비가 내리는 과정을 자연적인 원인으로 설명했어. 지금 우리 생각에는 자연철학자들의 이야기가 타당하지만 기원전 6세기로 돌아가면 상황은 달라져. 앞서 소개한 희극 〈구름〉에서 소크라테스의 소동을 상기해 봐. 소크라테스는 아낙시만드로스의 이야기를 했다가 봉변을 당했잖아. 아테네의 사람들은 아낙시만드로스의 주장을 믿지 않았지. 그만큼 받아들이기 어려웠던 거야.

만약에 여러분이 기원전 6세기 사람이었다면 어땠을까? 신화와 자연철학자의 이야기 중에 어떤 것을 이해하기 더 쉬웠을까? 아마 신화였을 거야. 예를 들어 인간이 창조되었다는 주장과 진화했다는 주장이 있다면 창조론이 진화론보다 수긍하기 훨씬 편해. 신이 창조했다고 하면 더 이상 설명이 필요 없거든. 그런데 진화했다고 하면 복잡한 설명을 따라가면서 집중해서 생각하는 수고를 해야 해. 이것이 직관적 사고와 합리적 사고의 차이야.

인간은 합리적 사고보다 직관적 사고가 자연스럽고 편하거든. 아프리카 초원에서 사냥하면서 살았던 호모 사피엔스는 사자와 얼룩말을 구별하는 데 익숙해. 호모 사피엔스의 뇌는 사물을 보고 빨리 판단해 실행하도록 진화했거든. 잘 익은 과일을 구별할 줄 알고, 맹수를 피해 빨리 도망칠 수 있는 직관적 사고가 발달했어. 다시 말해 우리의 뇌는 생존과 번식이라는 두 가지 목표를 수행하는 데 최적화된 것이지, 글자를 읽고 계산을 하고 두꺼운 책을 이해하라고 진화한 게 아니야. 그런데 문명이 점점 발전하면서 글자와 숫자가 발명되었지. 복잡한 기호로 된 글자를 읽으며 책 내용을 이해한다는 것은 우리에게 고된 일이야.

합리적 사고는 느린 생각이야. 단번에 이해되지 않고 여러 번 곱씹어서 천천히 생각해야 해. 바로 이러한 합리적 사고에서 과학이 출현했어. '신화에서 과학으로'의 중간 과정에는 합리적 사고와 자연주의적 설명이 있어. 자연에서 원인을 찾고, 합리적으로 설명한 것은 그리스에서 처음 시작된 거야. 합리적 사고는 우리가 흔히 말하는 이성적 사고, 과학적 사고와 같은 것이지. 최근의 한 여론 조사에 따르면 미국인의 26퍼센트는 아직도 태양이 지구 주위를 돈다고 생각한대. 또 52퍼센트는 인류가 진화했다는 것을 모른다고 답했다고 해. 오늘날에도 이렇게 비과학적 사고가 팽배한 것을 보면 합리적 사고와 자연주의적 설명이 저절로 생겨나는 것이 아님을 알 수 있어.

그러니 2600년 전 그리스의 자연철학자들이 대단한 지적 도약을 한 거야. 신화와 신의 장막을 걷어 내고 자연 세계를 인간의 언어로 설명하기 시작했으니까. 앞서 소크라테스가 신을 믿지 않는다고 죽임을 당한 사실을 봐도 짐작할 수 있어. 인류가 출현한 후 수만 년 동안, 모든 사람들은 신비한 초자연적인 존재에 의지해서 살았지. 그런데 그리스의 자연철학자들은 종교와 신에 근거하지 않고 세계를 이해할 수 있다고 생각한 거야. 이것은 인류의 역사에서 위대한 한 걸음이었어.

아낙시만드로스의 아페이론

탈레스의 위대한 질문은 진정한 과학적 사고를 탄생시켰다고 할 수 있지. 과학적 사고의 본질은 기존의 통념에 맞서서 새로운 생각을 내놓는 것이거든.

과학 교과서를 보면 과학적 개념이라는 말이 자주 나와. 우리가 수학, 과학에서 개념을 이해한다고 할 때 그 '개념' 말이야. 개념은 세계를 이해하는 관점이라고 할 수 있어. 과학에서는 다른 사람이 보지 못했던 관점이나 방식으로 새로운 개념을 만드는 일이 중요해.

그런데 과학 교과서에는 완전히 사실로 입증된 지식만 나오지. 그러다 보니 과학 공부를 문제 풀이와 답 맞히기라고 생각하는데 과학 공부는 그것보다 새로운 개념을 익히는 것에 주목해야 해. 기존의 지식에서 새로운 발견을 통해 밝혀낸 것이 우리의 지식과 사고를 얼마나 확장했는지를 느껴야 하는 거지. 과학은 세계를

통통한 과학책 1

이해하는 우리의 개념을 고치고 더 나아지게 하는 과정이거든. 몇몇 가설과 실증적인 자료를 가지고 끊임없이 토론하면서 더 효율적인 설명을 찾아가는 거지. 과학의 가치는 여기에 있어.

과학 공부를 통해 우리는 과학적 사고를 배워야 해. 어떤 설명이 더 타당하고 합리적인가를 이해하는 거지. 지금 고대 그리스의 자연철학자들 이야기를 하는 것도 이 때문이야. 자연철학자의 주장이 때로 황당할지 모르지만 그들이 질문하고 답을 제시하는 과정에서 배울 점이 많아. 과학적 사고와 통찰을 자꾸 접하다 보면 어느새 우리의 생각도 유연하고 넓어진단다.

탈레스의 제자 아낙시만드로스 역시 스승에게서 과학적 전통을 이어받았지. 아낙시만드로스는 탈레스를 비판하는 데 거침이 없었어. 스승 탈레스보다 열한 살이 어렸지만 우주의 근본 물질은 물이 될 수 없다고 공개적으로 반박했거든. "모든 물질이 물로 이루어져 있다면 불이나 열은 이 세상에 존재할 수 없다. 왜냐면 물은 불을 생성하지 않고 제거하기 때문이다." 굉장히 일리가 있는 지적이야. 우주에는 뜨거운 것이 있으면 차가운 것이 있고, 젖은 것이 있으면 마른 것이 있어. 물은 불을 꺼 버리고, 태양과 같은 불은 물을 증발시키고 말지. 물과 불이 이렇듯 공존하고 있는데 물만 우주의 근본 물질이라고 할 수는 없다는 거야.

그럼 물이 아니면 무엇일까? 물 대신에 아낙시만드로스가 내놓은 대안은 누구도 쉽게 예상할 수 없는 것이었어. 물, 불, 흙,

공기와 같이 우리 주변에서 볼 수 있는 그런 원소가 아니었거든. 아낙시만드로스는 '아페이론'(apeiron)을 들고 나왔는데, 이것은 한계가 없다, 곧 '무한'(infinite)이라는 뜻이야. 온 세상에 끝없이 펴져 있고, 모든 만물은 이것에서 탄생해서 이것으로 되돌아가는 것을 상상한 거지. 하늘과 땅이 아페이론 안에 있고, 서로 상반되는 물질들이 함께 공존할 수 있거든. 아페이론은 앞으로 나올 진공이나 에테르, 시공간과 비슷한 개념이라고 할 수 있어.

아페이론은 정말 그럴듯한 개념이야. 탈레스보다 더 나은 우주 모델을 그릴 수 있었지. 탈레스는 드넓은 바다 위에 지구가 떠 있다고 했는데 아낙시만드로스는 아페이론 덕분에 '땅을 떠받치는 바다'를 없애 버릴 수 있었거든. 그는 아페이론이라는 텅 빈 공간에 원통형의 지구가 떠 있다고 상상했어. 무언가 떠받치지 않아도 이 세상이 안전하게 있을 수 있다고 생각한 거지. 아래쪽에도 우리가 보는 것과 똑같은 하늘이 펼쳐질 수 있잖아. 단순한 것 같지만 어마어마하게 뛰어난 생각이야. 아낙시만드로스 이전에 우주를 이렇게 상상한 사람은 아무도 없었으니까.

왜 지구가 떠 있다고 한 것일까?

우리는 매일매일 하늘에서 태양과 달, 별이 스쳐 지나가는 것을 볼 수 있어. 태양은 저녁에 사라지고 아침에 다시 나타나고,

통통한 과학책 1

우리가 사는 세계 이해하기

그리스의 자연철학자들은 종교와
신에서 벗어나 세계를 이해할 수 있다고
생각했다.

'더이상 쪼갤 수
없는 것'(원자)이
있을 거야.

데모크리토스

아……,
세상의 근본 물질은
무엇인가? 물?!

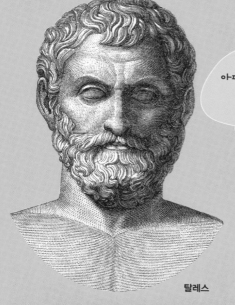

탈레스

아페이론(무한)이야말로
세상의 근본이지.

아낙시만드로스

달과 별은 아침에 사라지고 저녁에 다시 나타나. 밤사이에 어떤 일이 일어난 것일까? 모든 이들이 궁금해하는 수수께끼였어. 이 수수께끼가 바로 신화의 소재가 되었지. 어떤 신화에서는 태양과 달의 운행을 신이 수레를 타고 하늘을 가로지는 것이라고 묘사했어. 고대 사회 여러 문명권에서는 태양이 지평선에서 언제 떠오르는지를 정확하게 예측할 수 있었어. 하지만 태양과 달이 왜 뜨고 지는지에 대해 납득할 만한 설명을 제시하지는 못했지.

아낙시만드로스는 이러한 태양과 달, 별의 움직임을 고려해서 우주의 구조를 그렸던 거야. 태양이 매일 저녁 서쪽으로 지고, 매일 아침 동쪽으로 다시 뜨려면 어떤 길을 통과해서 가야 하지 않을까? 어떤 사람이 집 뒤로 사라졌다가 다른 쪽에서 다시 나타났다고 생각해 봐. 그건 집 뒤에 반드시 통로가 있다는 것을 의미하잖아. 태양도 마찬가지야. 태양이 어떤 것의 뒤편으로 사라졌다가 다시 나타났다면 그 너머로 태양이 지나갈 수 있는 허공이 있어야 해. 아낙시만드로스는 태양이 지구 아래쪽으로 간다면 그곳은 허공이어야 한다고 생각한 거야. 그래서 지구 아래쪽에 하늘이 있다고 했어.

지구가 허공에 떠 있다! 수천 년 동안 많은 문명권에서 이 간단한 생각을 하지 못했어. 평평한 대지 위에 반구의 하늘이 있다는 것이 일반적인 생각이었지. 동아시아 문명권을 대표하는 중국에서는 '하늘은 둥글고 땅은 네모지다'는 천원지방(天圓地方) 사상을 오래도록 고수했어. 지구 아래쪽에는 땅이 든든하게 받치고 있다고 굳게 믿었어. 지구가 허공에 떠 있을 거라고는 상상하지 못했지. 왜냐면 우리의 상식과 어긋나기 때문이야.

아낙시만드로스의 우주를 접한 사람들의 반응은 한결같았어. 황당하고 우스꽝스럽고 납득이 안 가는 아이디어라는 거야. "지구를 지탱해 주는 것이 없으면 지구는 아래로 떨어져야 하는 것 아닌가! 받침대가 없는데 지구가 왜 안 떨어지는 거지?" 이에 대해 아낙시만드로스의 대답이 걸작이야. "지구는 그 어떤 특정한 방향으로 떨어질 이유가 없으므로 떨어지지 않는다." 아낙시만드로스는 '지구가 왜 떨어지지 않을까?'라는 질문을 뒤집어서 '지구가 왜 떨어져야 하느냐'고 되물었어. 물체는 둥근 지구의 중심을 향해 떨어지는데 반대쪽에서 보면 방향이 달라지잖아. 무엇이 '위'이고 무엇이 '아래'인지 알 수가 없지. 그래서 지구는 그냥 허공에서 제자리를 지키고 있는 물체고, 지구 자체가 떨어질 특정한 방향이 없다고 생각했어. 정말 무릎이 딱 쳐지는 기발한 발상이야.

만물의 근본 물질은 무엇인가? 이 질문에 대해 아낙시만드로스는 특이한 아페이론을 내놓았어. 탈레스의 생각을 비판하며 아페이론을 통해 3차원적인 우주 구조를 상상했어. 앞으로 과학자들은 지구가 구형이라는 사실을 밝힐 거야. 또 지구가 정지해 있는 것이 아니라 움직이고, 천체들 사이에 중력이 작용하며, 그다음에는 그 중력으로 시공간이 휘어졌다는 것을 알게 될 거야. 이렇게 과학이 발전하기까지 2500년이 넘는 세월이 걸릴 텐데 아낙시만 드로스를 비롯한 자연철학자들이 그 긴 여정에 첫발을 내디뎠어. 그들의 놀라운 아이디어는 연구 전통으로 계승되었고, 하늘에 빛 나는 별처럼 사라지지 않고 아직까지 우리에게 영감을 불어넣고 있어.

3. 그리스의 원자론이 현대에 이르기까지

꿈에서 데모크리토스를 만나다

탈레스와 아낙시만드로스, 그다음을 잇는 질문의 천재는 누구였을까? 100여 년이 지난 후 만물의 근원 물질에 대한 독창적 가설이 나왔어. 엠페도클레스는 세상의 모든 것이 물, 불, 흙, 공기의 4원소로 이뤄졌다고 주장했지. 물, 흙, 불, 공기가 서로 반발하고 끌어당기며 물질을 구성하고 변화를 일으킨다는 거야. 엠페도클레스의 4원소설은 아리스토텔레스가 받아들였을 만큼 대중적으로 큰 지지를 얻었어. 18세기까지 대부분 유럽인들은 엠페도클레스의 4원소설을 믿었으니까.

한편 엠페도클레스의 4원소설에 가려 있었던 또 한 명의 천재가 있었어. 현대 과학에 지대한 영향을 미친 자연철학자, 데모크리토스야. 그는 '더 이상 쪼갤 수 없는' 원자(atom)의 개념을 처음으로 생각했어. 세상에는 원자와 빈 공간만 있다고 상상하고, 이 두 가지로 모든 것을 설명하려고 한 거야. 이러한 고대 그리스 과학이 뿌린 생각의 씨앗은 무서운 힘을 가지고 있었어. 오른쪽 그림을 봐. 데모크리토스의 원자론은 갈릴레오, 뉴턴, 맥스웰, 아인슈타인, 양자물리학으로 확장되었지. 한마디로 물리학의 혁명을 일으킨 개념이야.

데모크리토스가 말한 '원자란 무엇인가?' 이 질문의 수수께끼를 풀기 위해 지금도 수많은 과학자들이 밤낮을 가리지 않고 치열하게 연구하고 있어. 거대한 입자 가속기를 만들어 우주에 존재하는 궁극의 입자가 무엇인지를 찾고 있으니까. 드디어 1990년대에 입자의 표준 모형이 정립되고, 2012년에는 힉스의 입자가 발견되었어. 표준 모형은 수많은 과학자들이 밤을 잊은 채 연구에 몰입하여 어렵게 일궈 낸 현대 물리학의 상징이야. 표준 모형의 역사에는 탈레스와 엠페도클레스, 데모크리토스가 등장해. 그들의 아이디어가 지금까지 이어져 온다는 사실이 놀랍지 않니? 2권 '원자'에서 좀더 상세하게 살펴볼 텐데 여기에서는 데모크리토스의 아이디어가 얼마나 위대한 것인지를 알아보려고 해.

만약에 현대 물리학자가 데모크리토스를 만난다면 어떤 이야기를 주고받을까? 여기에서 그들의 가상 대화를 상상해 보았어.

원자의 기나긴 역사

데모크리토스의 원자론은 갈릴레오, 뉴턴, 맥스웰, 아인슈타인, 양자 물리학으로 확장되었다.

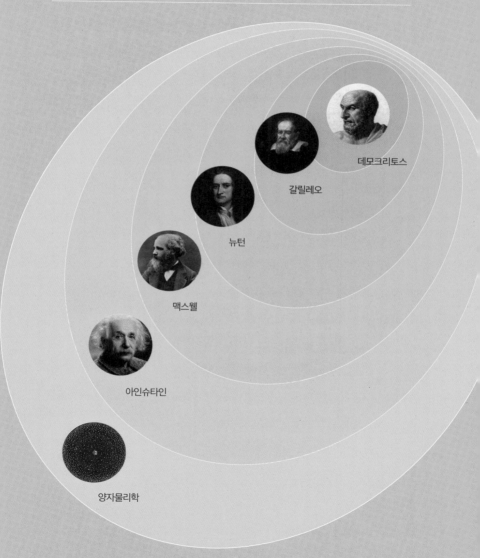

데모크리토스

갈릴레오

뉴턴

맥스웰

아인슈타인

양자물리학

스위스 제네바 근교에 있는 '유럽 입자물리학 연구소'(CERN)는 LHC(Large Hardron Collider, 대형 강입자 충돌기)를 건설하고 운용하는 곳이다. 과학자와 기술자 2500여 명이 일하고 있으며 매년 세계의 대학과 연구소에서 수많은 과학자들이 이곳을 방문한다. 그중 한 연구 프로그램에 참여한 한국의 물리학자가 2019년 여름 어느 날, 데모크리토스를 만난다. 밤중에 책을 읽다 책상에 엎드려 선잠이 들었는데 덥수룩한 수염에 고대 그리스의 전통 복장을 걸친 노인 한 분이 다가오는 것이 아닌가.

물리학자 이게 누구십니까? (놀라서 눈을 비비며) 데모크리토스 선생님이 아니신가요?

데모크리토스 그렇다네. 자네들이 열심히 일하는 걸 보고, 잠깐 시간을 내보았네.

물리학자 선생님, 반갑습니다. (감동의 눈물, 훌쩍) 여기에는 언제까지 머물러 계실 겁니까?

데모크리토스 새벽 동트면 가야지. 내가 여기 계속 있을 수 있겠나.

물리학자 그럼 몇 시간 안 남았으니, 제가 평소에 궁금했던 것을 물어봐야겠네요. 선생님의 그 유명한 말, "우주에 존재하는 것은 원자와 빈 공간뿐, 그 외의 모든 것은 사건에 불과하다."라는 말이 무슨 뜻인가요?

데모크리토스 말 그대로야. 우주는 아주 단순한 원자와 허공만 있을 뿐이야. 다른 것은 아무것도 없어. 우리 눈에 보이는 모든 것은 그 단순한 원자에 의해 만들어졌어. 나머지 이야기는 쓸데없는 개소리라는 말이지.

물리학자 개소리? 선생님, 여기서 이러시면 안 됩니다.

데모크리토스 아니 신화나 역사에서 말이야. (과학 말고) 정치가나 신학자라는 사람들이 인간의 영혼이 어쩌고, 사후 세계가 어쩌고 하면서 쓸데없는 말들을 지껄여서 내가 욱해서 그랬지. 세상에 신은 없다고. (나는 무신론자일세) 세상은 아주 간단한데 사람들이 아직까지도 그걸 인정 안 하니……. (쯧쯧쯧) 그래도 자네들 물리학자가 있어서 내 이론을 밝혀 주고 있으니 얼마나 고마운지 모르겠네.

물리학자 에고, 고맙긴요. 당연히 저희가 할 일이죠. 그럼 선생님은 원자라는, 그 발상을 어떻게 하신 건가요?

데모크리토스 그건 내가 태어나기도 전에 활동하셨던 우리 스승님에게서 배운 거지. 자네도 알다시피 아낙시만드로스 선생이 우주의 근본 물질을 아페이론이라고 하지 않았나, 그 아페이론이 바로 진공이야!

물리학자 진공이라고 하면, 우리 과학자들은 1920년대에 와서야 그 의미를 깨닫기 시작했습니다. 그 전에 아이작 뉴턴이 운동하는 입자의 배경인 텅빈 공간을 말했고, 제임스 맥스웰이 에테르를 제시했는데 그것이 진공과 비슷한 개념이죠.

데모크리토스 그러게 말이야. 내가 제안한 진공은 설명하기 까다로운 개념이지. 우리 시대 철학자들 중에 진공을 인정하지 않고 반대한 사람들이 많아. 엠페도클레스가 대표적이고 나중에 아리스토텔레스가 "자연은 진공을 싫어한다"고 대놓고 떠들고 다녀서, 과학을 아마 천 년 이상 퇴보시켰을 걸세.

물리학자 그러면 엠페도클레스의 4원소설이 선생님의 원자설이 알려지는 데 방해꾼 노릇을 했군요.

데모크리토스 그렇게만 생각할 수는 없지. 엠페도클레스는 모든 물질이 물, 불, 흙, 공기, 즉 '다중 입자'로 구성되었다는 개념을 처음으로 도입했어. 이 세상에는 기본 요소가 몇 개밖에 없는데 그것을 이리저리 조합하면 모든 만물을 만들 수 있다고 생각한 거야.

물리학자 앗! 그걸 미처 몰랐네요. 엠페도클레스의 4원소는 항상 그 모습대로 존재하는 '궁극의 입자'라고 할 수 있겠네요. 변화하거나 없어지지 않는 궁극의 입자 말이죠.

데모크리토스 게다가 엠페도클레스는 4원소로 다른 물체를 만들려면 힘이 필요하다고 주장했지. '사랑'과 '투쟁'이라는 두 가지 힘인데 사랑은 물질을 끌어당기고 투쟁은 물질을 떼어 놓는다는 거야.

물리학자 그건 별로 과학적이지 않은데요. (웃음)

데모크리토스 그렇지 않아, 현대 물리학에서도 기본 입자와 힘으로 우주의 삼라만상을 설명하지 않나.

물리학자 맞습니다. 오늘날 입자물리학에서는 '표준 모형'이라는 이론을 완성했죠. 12개의 기본 입자와 4개의 힘으로 우주의 모든 것을 설명할 수 있다는 이론입니다.

데모크리토스 그런 걸 보면 엠페도클레스의 세계관이 자네들과 크게 다르지 않은 것 같은데. 그는 우주를 4종류의 입자와 두 개의 힘으로 설명했으니, 개수만 다를 뿐이지 기본 원리는 완전 같구먼.

물리학자 그렇긴 하지만 내용이 좀 다르죠. 물, 불, 사랑, 투쟁은 우리가 다루는 것들하고는 차원이 다른데…….

데모크리토스 하여튼 나는 엠페도클레스로부터 꽤 많은 영향을 받았어. 그 덕분에 더 이상 분해할 수 없는 원자의 존재를 굳게 믿게 되었지. 원자는 우주를 구성하는 최소 단위이자 궁극의 입자라고 생각했어.

물리학자 기원전 5세기에 보이지 않는 원자를 감지할 수 있는 장치가 없었을 텐데 그걸 어떻게 알 수 있었죠?

데모크리토스 사고 실험이지. 머릿속에서 원자의 개념을 떠올린 거야. 여기 치즈와 칼이 있다고 해 보세. 그 치즈를 칼로 자른다고 상상해 봐. 자르고 또 자르고 하다보면 더 이상 분해할 수 없는 데까지 이르지. 친구 레우키포스와 머리에서 쥐가 날 정도로 토론을 벌여서 얻은 결론이라네. 모든 물체는 원자로 이루어져 있으며, 그 원자는 눈에 보이지 않을 정도로 작고, 종류도 엄청나지. 물 원자, 철 원자, 빵 원자, 치즈 원자 등으로 말이야.

물리학자 치즈를 자르던 칼이 무척 예리하고 잘 들어야 했겠네요. (웃음)

데모크리토스 자네가 자꾸 웃는데, 웃을 일이 아니지. 나는 치즈를 자르는 사고 실험에서 빈 공간도 생각해 냈는걸. 칼날이 무언가를 자르려면 통과할 수 있는 빈 공간이 필요하지 않겠나?

물리학자 생각해 보니 그러네요. (다시 진지)

데모크리토스 칼날이 예리하면 모든 것을 자를 수 있고, 그 대신에 꼭 공간이 있어야 한다는 것을 발견했지. 그래서 우주에 존재하는 것은 원자와 빈 공간뿐이라고 주장한 걸세.

물리학자 선생님의 접근 방식이 무척 현대적입니다. 그 예리한 칼날이 우리가 지금 사용하는 입자 가속기이라고 할 수 있군요. 엄청나게 큰 전기 충격을 줘서 입자를 자르고 또 자르고, 분해시키는 기계니까요.

데모크리토스 그래, 입자 가속기를 써서 내가 말하는, 더 이상 쪼갤 수 없고, 견고하고, 내부 구조가 없고, 눈에 보이지 않는 작은 입자를 발견했는가?

물리학자 예, 그렇긴 한데 선생님이 처음 말씀하신 원자부터 오늘날 표준 모형이 나오기까지 이야기가 무척 깁니다. 과학자들이 아주 많은 우여곡절을 겪었어요.

데모크리토스 한번 듣고 싶네.

궁극의 입자를 찾기 위해

물리학자 고대 로마의 시인 루크레티우스(B.C. 99~B.C.55)가 『사물의 본성에 관하여』라는 책에서 선생님의 원자론을 소개했습니다. 그런데 그 후 거의 1500년 동안 원자론은 세상에 묻혀 있었습니다. 중세 시대에 기독교의 교리에 어긋난다는 이유로요. 선생님이 "우주에 존재하는 것은 우연과 필연의 결과이다."라고 말씀하셨는데 원자가 우연히 결합해 사물을 만든다는 것이 신의 창조를 부정한다고 비난받았거든요.

데모크리토스 이런 무식한 사람들이 있나. (쯧쯧쯧)

물리학자 선생님은 우주에 존재하는 모든 것들은 보이지 않은 원자들로 만들어졌으며, 이 입자들은 파괴되거나 사라지지 않는다고 말씀하신 거죠?

데모크리토스 당연하지. 이만큼 원자에 대해 명료하게 말한 것이 어디 있나. 우리 몸도 원자로 이뤄졌는데 우리가 죽는다고 원자들이 소멸하는 것이 아니지. 우주 어디엔가 원자는 그대로 있지. 그래서 '불멸의 원자'라고 하지 않나?

물리학자 바로 그 점이 신의 존재를 부정하는 것이 됩니다. 우주를 신의 목적이나 의도와 상관없이 우연이 지배하는 곳으로 설명하니까요.

데모크리토스 맞아, 나는 신을 믿지 않는 무신론자이고 유물론자야.

물리학자 그래서 16세기에 이탈리아의 수도사 브루노는 원자론을 믿었다고 화형을 당했습니다. 사람들은 어떻게든 선생님의 사상이 알려지는 것을 막았습니다. 당시 피사 대학에서 젊은 예수회 수도사들이 매일 암송했던 라틴어 기도문을 들려 드릴 테니, 한번 들어 보세요.

데모크리토스 아니 그때에도 내 이야기를 하는 사람이 있었나.

물리학자 "원자로부터는 아무것도 나오지 않는다.

세상을 이루는 모든 물체는 그 형태의 아름다움 속에서 빛나니,

이런 물체들 없이는 세상은 단지 거대한 혼란일 뿐이라.

태초에 신께서 이 모든 것을 만드셨고 만드신 것이 또 뭔가를 낳으니,

아무것으로부터 나오지 않은 것은 아무것도 아님을 유념하라.

오 데모크리토스여, 당신은 원자로부터 시작해서는 어떤 서로 다른 것도 만들지 못하노라.

원자는 아무것도 만들지 못하고 따라서 원자는 아무것도 아니어라."

데모크리토스 원자가 아무것도 아니라고? 기가 막혀서, 원자가 우주의 모든 것이지. 시대가 흘러도 생각이 막히면 아무 소용이 없구면. 사람들은 말이야, 무엇인가를 창조하고 설계하는 신이 꼭 필요하다고 생각하는 것이 문제야. 우주가 목적이나 의도 없이 작동한다는 것을 이해하지 못하니 참 답답하네.

물리학자 그래도 17세기에 근대 과학이 출현하면서 한결 상황은 나아졌죠. 뉴턴 과학으로부터 물질적이고 기계적인 세계관이 등장해서 원자론이 철학적으로 논의되기 시작했습니다. 19세기에는 존 돌턴에 의해 원자가 화학자들의 손에 넘어갔지요. 돌턴은 선생님의 원자라는 용어를 화학 원소의 기본 단위로 사용했어요. 마이클 패러데이는 원자의 개념을 전기에 적용해서 전류를 '전기를 띤 미립자의 흐름'으로 간주했고요. 그리고 멘델레예프는 돌턴의 원자 개념을 가지고 주기율표를 만들었습니다. 주기율표란 모든 원소들을 화학적 성질에 따라 분류한 것입니다. 드디어 20세기에 러더퍼드가 원자핵을 발견합니다. 돌턴의 원자는 더 쪼갤 수 없는 최소 단위가 아니라 원자핵과 전자로 이뤄졌음을 발견한 것이죠. 1930년대에는 원자핵이 양성자와 중성자로 이루어져 있음이 밝혀집니다. 그 양성자를 입자 가속기에 넣고 쪼개서 마침내 쿼크를 발견하고 표준 모형을 만들게 되었죠. (아이고 숨차다)

데모크리토스 결론적으로 쿼크가 내가 말한 원자란 말인가?

물리학자 아직 잘 모릅니다. 최근에 힉스라는 새로운 입자를 발견하고 '신의 입자'라고 부르고 있습니다. 저희가 밤새우면서 CERN에서 연구하는 것도 궁극의 입자를 밝히려는 것이니까요.

데모크리토스 뉴턴, 돌턴, 패러데이, 멘델레예프, 러더퍼드와 같은 과학자들이 큰 역할을 했구먼. 자네도 포함해서 말이지.

물리학자 제 생각에는 원자론을 처음 생각한 선생님이 제일 대단하십니다!

데모크리토스 이야기를 하다 보니 벌써 동틀 시간이 다 되었네. 이제 가 봐야겠어. 하여튼 입자 가속기를 만들고 내 원자론을 계속 탐구하고 있으니 마음이 든든하구먼.

물리학자 전 오늘 선생님을 뵙고 데모크리토스의 수수께끼를 푸는 데 한발 다가선 것 같습니다. 진심 감사합니다. (꾸벅)

데모크리토스 그럼 건투를 빌겠네. 허허허. (웃음소리가 계속 들려온다)

4. 앎과 삶은 어떻게 연결될까?

다시 플라톤, 철학과 과학을 연결하다

소크라테스는 진리를 위해 살았고, 진리를 위해 죽었어. 올바르고 정의로운 삶을 살았고, 두려움 없이 당당하게 죽음을 맞이했어. 플라톤은 소크라테스의 그런 모습에서 세상에 진리가 있다고 깨달았지. 그렇다면 진리는 무엇일까? 플라톤은 '모른다는 것을 안다'는 '무지의 지'에 만족할 수 없었어. 확실히 무엇이 진리인지를 밝히고 싶었지.

플라톤은 여러 책에서 자신이 생각하는 진리를 말했어. 그의 저서 중 하나인 『국가』에는 동굴 이야기가 나오는데 플라톤의 진리가 무엇인지를 이해할 수 있단다. 동굴은 우리가 살고 있는 세상을 비유적으로 표현한 거야. 어두컴컴한 동굴에서 산다고 생각해 봐, 굉장히 답답하겠지. 플라톤은 동굴 안과 밖을 현실 세계와 진리의 세계로 나눠서 보았어. 동굴 밖은 태양이 빛나고 푸른 하늘과 꽃과 나무, 새가 있는 세상이지만 우리는 전혀 그것을 모르는 채 살고 있다는 거야.

그런데 가끔씩 동굴 입구 쪽으로 햇빛이 들어와 동굴 밖에서 날아다니는 새의 그림자가 동굴 벽에 희미하게 드리워져. 동굴 안 사람들은 그 그림자를 보고 동굴 밖의 세상을 어렴풋이 짐작하는 거야. 진리가 있으나 우리가 사는 세상에서 진리가 보이지 않는다는 거지. 우리가 보고 있는 것은 동굴 벽에 나타나는 새의 그림자처럼 진리의 그림자일 뿐이야. 새의 그림자를 보고 새의 모습, 습성, 종류를 알기는 매우 어렵잖아. 그런데도 그림자의 실마리를 가지고 열심히 탐구해서 새가 무엇인지를 알아내는 사람이 나타났어. 그 사람은 동굴 안의 '무지의 사슬'을 끊고 동굴 밖으로 성큼성큼 나갔지. 처음에는 눈을 부셔 한동안 사물을 볼 수 없었지만 이내 모든 진실을 알고 행복에 겨워 눈물을 흘려.

여기서 플라톤의 동굴 이야기는 끝날 것 같은데 그렇지 않아. 반전이 있어. 진리의 햇빛 아래서 기쁨을 누리던 사람이 다시 동굴로 들어가는 거야. 왜 그 사람은 동굴로 다시 들어갔을까? 그는 동굴 안의 사람들에게 진리를 알려 주기 위해 결단을 내린 거지. 이렇게 플라톤은 소크라테스의 삶을 암시하고 있어. 우리는 이

이야기의 결말을 알고 있잖아. 동굴 안 사람들이 소크라테스를 반기지 않는다는 것을 말이야. 그들은 동굴 안의 생활에 푹 젖어서 더 나은 세상으로 나아가길 원치 않으니까. 오히려 자신의 불행과 무지를 감추기 위해 소크라테스를 제거하려고 들 텐데, 그걸 뻔히 알면서도 소크라테스는 동굴 안으로 들어갔지.

동굴 이야기는 긴장이 팽팽히 느껴지는 글이야. 플라톤은 여러 가지 의미를 담아서 자신의 철학적 사상을 제시하고 있어. 그는 눈에 보이지 않는 진리의 세계를 '이데아'라고 했어. 이데아는 우리가 사는 세상에는 없는 거야. 그래서 볼 수도 없고, 만질 수도 없지. 단지 생각할 수 있을 뿐이야. 동굴 안에 있는 사람이 그림자를 보면서 진짜를 상상하는 것과 같아. '눈에 보이는 것이 전부가 아니다!' 우리가 살고 있는 세계 너머에 '보이지 않는 진짜의 세계'가 있다는 거야. 플라톤은 눈에 보이는 것에 집착하지 말고, 그 배후의 원리와 본질을 찾아보라는 메시지를 던지고 있어. 수많은 사람들은 이러한 플라톤 철학에서 영감을 받았지. 과학자들도 마찬가지야.

플라톤은 진리를 발견하는 단계를 제시했는데, 과학 → 수학 → 철학의 순서로 참된 진리에 접근할 수 있다고 했어. 지금 우리가 살고 있는 우주는 불완전한 세계지만 이데아를 본떠서 만든 최상의 창조물이거든. 진리에 도달하기 위해서 자연 세계의 다양한 현상에 숨어 있는 우주의 원리를 찾아내는 것이 과학의 목적이

통통한 과학책 1

라는 거야. 서양 과학의 연구와 방법론은 플라톤 철학에서 나왔다고 해도 과언이 아니지. 그만큼 플라톤 철학은 과학의 탄생에 큰 영향을 미쳤단다.

우주는 신이 쓴 수학책

베르너 하이젠베르크(1901~1976)는 1923년 '불확정성 원리'로 노벨 물리학상을 받았어. 그런 그가 자신의 물리학은 플라톤 철학에 기반을 두고 있다고 공식 석상에서 밝혔지. "나는 플라톤주의자다"라고 말이야. 이렇게 플라톤의 철학을 따르는 과학자들은 역사적으로 하이젠베르크 말고도 수없이 많아. 과학자들이 왜 플라톤을 좋아할까? 그것은 플라톤이 세계를 수학적으로 이해했기 때문이야. 과학은 수학 없이는 연구할 수 없는 학문이거든.

최초로 세계를 숫자와 도형, 수학적 관계로 보기 시작한 사상가는 피타고라스야. 그는 만물의 근원 물질을 '수'라고 보았지. 우주를 구형의 지구와 별들의 원운동으로 처음 그려 낸 것도 피타고라스였어. 플라톤은 이러한 피타고라스의 영향을 받아서 자신의 철학 체계를 세웠어. 바로 이데아인데 수학은 완벽한 이데아의 세계를 상징해. 숫자와 도형, 기호로 나타내는 수학은 단순하고 명료해서 누가 봐도 확실하게 알 수 있어. 플라톤은 이렇게 단순하고 확실한 것을 진리라고 믿은 거야.

모든 것의 근원으로 기하학(수학)만 한 게 없지.

　　만물의 근원 물질은 무엇인가? 플라톤은 엠페도클레스의 4원소인 물, 불, 흙, 공기가 눈에 보이는 물질이기 때문에 만물의 근원이 될 수 없다고 봤어. 그리고 정삼각형과 직각이등변삼각형, 이 두 삼각형을 근원 물질로 꼽았어. 아주 특이하지? 여기에는 다 이유가 있었어. 정삼각형과 직각이등변삼각형, 이 두 가지 삼각형을 이용하면 정다면체를 만들 수 있거든. 플라톤은 정사면체를 불, 정육면체를 흙, 정팔면체를 공기, 정십이면체를 물, 정이십면체를 제5원소라고 했어. 근원 물질인 삼각형을 변환해 새로운 물질을 구성할 수 있다는 생각을 한 거야. 4원소는 삼각형으로 분해될 수 있고 삼각형에 의해 다시 형성될 수 있어. 삼각형은 물질이 아니라 수학적 형상이지만 더 근본적이라고 할 수 있지.

우리가 앞서 살펴보았던 입자의 표준 모형은 플라톤의 삼각형처럼 수학적으로 만든 거야. 현대 물리학은 플라톤의 아이디어에서 나왔다고 할 수 있어. 이뿐만이 아니지. 코페르니쿠스, 갈릴레오, 케플러, 뉴턴 등은 우주를 신이 쓴 수학책이라고 여겼어. 그들은 수학이 진리라는 믿음을 가지고 자연의 법칙을 수학 공식으로 나타내려고 했지. 뉴턴의 운동 법칙을 $F=ma$(F: 힘, m: 질량, a: 가속도)로 쓰는 것처럼 말이야. 이렇게 수학과 과학은 끈끈하게 결합되어 있어. 이 모든 것은 플라톤의 영향을 받은 거야. 과학책에 수학 공식이 많이 나오는 것도 플라톤 때문이라고 할 수 있지.

우리의 교과 과정은 문과와 이과로 나눠져 있어. 수학과 과학을 잘해야 이과를 전공할 수 있다고 생각하지. 학문을 전문 영역으로 나누고 자신의 전공 공부만 하잖아. 하지만 학문이 탄생했을 때는 과학과 수학, 철학을 통합적으로 보았어. 플라톤은 진리를 발견하는 단계로 과학 → 수학 → 철학을 제시했잖아. 모든 학문의 궁극적인 목표는 철학, 즉 소크라테스가 추구했던 정의, 도덕, 선, 아름다움과 같은 것이지. 결국 자연 세계를 탐구하는 과학의 목표도 인간다운 삶을 사는 것이었어.

자연 세계를 제대로 이해하는 것은 우리 삶에 깊은 영향을 미쳐. 역사적인 사실들이 이를 증명하고 있지. 그리스의 자연철학자들은 비나 바람, 지진을 초자연적인 존재가 아닌 자연적인 원인으로 설명했잖아. 당시에 의사로 활약하던 히포크라테스도 질병의 원인을 자연에서 찾았어. 그런데 1500년이 넘는 동안 이들의 생각은 받아들여지지 않았어. 14세기 유럽을 휩쓴 흑사병으로 750만 ~2억 명이 죽어 갔을 때 사람들은 신을 잘못 섬긴 죄악이 전염병을 일으켰다고 생각했을 정도니까. 오늘날에는 세균이 질병을 일으킨다는 것은 누구나 아는 상식이 되었지. 이렇듯 우리가 살고 있는 세계에 대해 아는 것은 삶과 연결되어 있단다.

모든 인간은 본성적으로 앎을 원한다

아리스토텔레스(B.C. 384~B.C. 322)는 플라톤의 제자이고 서양 철학사에서 대표적인 거장이야. 그는 플라톤과는 모든 면에서 달랐어. 진리에 대한 생각부터 달랐지. 플라톤은 진리가 눈에 보이지 않는다고 한 반면, 아리스토텔레스는 눈에 보인다고 생각했어. 그의 관심은 진리가 아니라 앎이었지. 아리스토텔레스의 『형이상학』 첫 문장은 이렇게 시작해. "모든 인간은 본성적으로 앎을 원한다." 앎은 인간의 타고난 본성이라는 거야. 아기가 세상에 태어나서 지적 호기심을 보이는 것처럼 우리는 세상 모든 것을 궁금해하고 알고자 해. 특히 인간은 여느 동물과 달리 커다란 뇌를 가지고 있지. 그 뇌를 통해 세상의 사물과 이치를 알아 가며 살고 있는데, 이러한 삶에서 앎이 무척 중요하다는 거야.

자, 생각해 보자. 우리가 어떻게 아는지. '나무가 무엇인가? 새가 무엇인가? 사과가 무엇인가?' 물으며 나무를 눈으로 보고, 새소리를 귀로 듣고, 사과 향기를 코로 맡고, 입으로 맛보고 알겠지. 이때 눈, 코, 귀, 입, 피부 등의 감각 기관으로 들어온 정보를 가지고 뇌에서 추론을 해서 사물을 확실히 판단할 거야. "푸른 잎사귀에 줄기, 뿌리를 가지고 있으니 나무구나."라고 말이야. 뇌에서 학습하고 기억했던 정보를 가지고 예측하는 거지. 아리스토텔레스는 이러한 뇌의 작용을 이해하고 있었어.

플라톤이 인간의 지각을 믿을 수 없다고 했지만, 아리스토텔레스는 감각 기관을 통한 지각과 관찰을 중요하게 여겼지. 특히 눈으로 보는 시각이 지각 활동 중에서 큰 비중을 차지한다고 생각했어. 사실 맞는 말이야. 우리 뇌는 눈을 통해 정보의 80~90퍼센트를 받아들인다고 해. "보는 것이 믿는 것"이라는 말이 있잖아. 우리가 무언가를 안다고 할 때 감각 기관을 통해 일차적으로 지각하고, 그 다음은 뇌에서 추론을 하는 거야.

아리스토텔레스는 지각과 추론이 앎의 바탕이 된다고 생각했어. 우리가 지구가 둥글다는 것을 안 것도 지각과 추론 덕분이지. 월식 때 달을 가리는 지구의 그림자가 둥근 것을 보고, 지구가

거대한 학문의 체계를 세우다

아리스토텔레스는 관찰과 추론을 통해 결론을 도출하는
과학적 방법의 기초를 마련했을 뿐 아니라 이를 바탕으로
서양 학문의 체계를 세웠다.

감각 기관을 통한
지각과 관찰이
앎의 바탕일세.

구형이라는 것을 추론했잖아. 이렇게 아리스토텔레스는 지각과 추론으로 진리를 밝힐 수 있다고 보았단다. 그는 스승 플라톤이 말하는 완전한 이데아의 세계보다 불완전한 현실 세계에 더 관심을 가졌어. 바로 우리가 살고 있는 자연이지. 그리스어로 '자연'을 뜻하는 피직스(physics)는 오늘날 '물리학'으로 불리는데 그 '피직스'(자연학)라는 용어를 만든 사람이 바로 아리스토텔레스였어. 그는 초자연적인 설명을 물리치고 자연을 재발견한 거야.

기원전 4세기에 인간의 앎을 연구한 것은 대단히 의미 있는 작업이야. 인간이 무엇을 알 수 있는지를 고민한 거니까. 당시에는 신만이 모든 것을 알 수 있다고 생각했는데 아리스토텔레스는 신이라는 초월적 존재에 의지하지 않고 인간의 지각과 추론으로 세계를 이해할 수 있다고 믿었던 거지. 이러한 믿음을 바탕으로 우주, 사회, 인간, 마음 등등 세상 모든 것을 탐구하고 서양의 학문 체계를 세웠어. '학문 체계를 세웠다'는 것은 아리스토텔레스 혼자서 백과사전을 통째로 썼다는 말이야. 위키피디아에 나오는 모든 항목을 다 채웠다고 상상하면 돼. 우리가 지금 배우는 정치, 경제, 사회, 윤리, 논리학, 미학과 같은 인문학은 물론이고 물리, 화학, 생물, 지구과학 등의 과학 분야까지 연구한 거지.

과학의 탄생에서 플라톤도 중요한 역할을 했지만 아리스토텔레스는 더 구체적이고 직접적인 영향을 미쳤어. 아리스토텔레스는 관찰과 추론을 통해 결론을 도출하는 과학적 방법의 기초를 세웠거든. 플라톤과는 달리, 사물의 움직임과 동식물 하나하나를 관찰해서 우주론과 물질론, 운동론, 생물학(자연사)이라는 거대한 이론 체계를 만들었어. 이후 과학의 역사에서 물리학, 화학, 생물학의 출발점은 아리스토텔레스였지. 2000년 동안 유럽이나 이슬람 문명권에서 과학을 공부한다는 것은 아리스토텔레스의 이론을 공부한다는 것과 같은 말이었으니까.

모든 사람들이 믿는 것이 진리다

왜 세상에는 나무와 꽃, 사람이 있을까? 왜 인간은 사랑을 하고 행복하게 살길 원할까? 이렇게 사람들은 '왜'라는 질문을 잘하는데 그것은 어떤 것이든 목적과 원인, 이유가 있을 것이라고 생각하기 때문이지. 신을 믿는 사람들은 신이 우주를 창조하고 모든 것에 목적을 부여했다고 여기잖아. 아리스토텔레스는 자연 그 자체에 목적이 있다고 생각했어. 자연은 본질적으로 최선의 것을 만든다고 말이야.

비가 왜 내리냐면, 비는 식물의 성장을 위해서 물이 필요하기 때문이라고 답했어. 또 식물이 왜 있냐면, 동물을 먹게 하기 위해서고. 닭이나 소, 돼지가 왜 있냐면 인간을 위해서라는 거야. 자연에서 인간은 아주 특별한 생명체처럼 보이잖아. 그래서 자연이 인간이라는 목적을 향하고 있다고 위계질서를 부여했지. 아리스토텔레스는 식물-연체동물-어류-파충류-조류-포유류-인간으로 이어지는 '자연의 사다리'를 주창했는데 여기에서 생물 종들은 자연에 속한 자기 위치를 찾아가기 위해 태어난 존재라는 거야. 그럴 듯하지? 아리스토텔레스의 이론이 큰 영향력을 미친 것은 모든 사람들이 믿는 것을 진리로 만들었기 때문이야.

대부분의 사람들은 삶의 의미, 목적과 같은 것을 찾고 싶어 해. 자연 세계에 대해서도 목적과 의미를 관성적으로 찾거든. 자연 세계를 탐구하면서 떨칠 수 없는 이러한 동기를 아리스토텔레스가 학문으로 체계화했어. 사람들은 '자연스럽다'는 것을 좋은 것으로 받아들이고, 그것이 자연의 본성이고 목적이라고 이해했으니까. 이러한 아리스토텔레스의 목적론적인 설명은 사람들의 상식하고 잘 맞아떨어졌어. 가령 하늘과 땅의 세계가 다르게 보이잖아. 아리스토텔레스는 달을 경계로 천상계와 지상계로 나누었어. 달 위의 세계인 천상계는 영원불변의 완전한 세계이고, 달 아래의 지상계는 끊임없이 변화가 일어나는 불완전한 세계라고 말이야.

또 4원소 중에 불과 공기는 가벼워서 위로 올라가고, 물과 흙은 무거워서 아래로 떨어지는 것처럼 보이잖아. 아리스토텔레스는 각각 물질마다 원래의 자리로 돌아가려는 본성이 운동을 일으킨다고 했어. 무거운 흙과 물은 본성적으로 우주의 중심인 지구를 향하고, 가벼운 공기와 불은 하늘을 향해 올라간다는 거야. 이렇게 물질이 본성에 따라 자연스러운 위치로 찾아가는 것을 '자연스러운 운동'이라고 했어. 돌멩이가 떨어지는 것을 보고 흙의 본성이 제자리를 찾아가는 운동을 하고 있다고 설명했지. 중력의 작용에 의해 일어나는 운동을 물질의 본성이나 물질이 존재하는 목적으로 보았던 거야.

아리스토텔레스는 물질에 운동까지 포섭해서 우주론, 물질론, 운동론을 하나의 체계로 연결했어. 서로 톱니바퀴처럼 맞물려 있는 아리스토텔레스의 이론 체계는 막강한 위력을 떨쳤지. 나중에 코페르니쿠스의 우주 구조가 등장해서 지구가 우주의 중심이 아니라 태양이라고 하니까 곧바로 문제가 생긴 거야. 지구가 우주의 중심이기 때문에 무거운 물질이 중심을 향해 떨어진다고 했는데 우주 구조를 바꾸면 물질론까지 뜯어고쳐야 하니까. 그래서 아리스토텔레스의 이론은 기원전 4세기부터 17세기까지 2000년 동안이나 깨지기가 무척 힘들었던 거야. 아리스토텔레스를 비판하고서 넘어선다는 것은 모든 인간이 믿고 싶은 상식과의 싸움이었어.

어떻든 고대 그리스 과학은 인간의 이성과 합리적 사고로 세계를 이해하는 첫걸음이었어. 아리스토텔레스는 자신이 못다 한 과제를 후대 사람들이 탐구하리라 믿고 있었지. 거장답게 자신의 이론이 깨지더라도 과학의 발전을 기대했어. 기원전 4세기에 그는 겸허한 마음에서 다음과 같은 글을 남겼어.

나의 것은 첫걸음이다. 따라서 작은 걸음이다. 비록 그것이 많은 생각과 힘든 노력을 통해서 만들어진 것이라고 하지만 말이다. 하나의 첫걸음으로 보고 관대하게 판단해 주어야 할 것이다.

아마 아리스토텔레스는 자신의 이론이 그토록 오랫동안 과학의 역사를 지배할지 몰랐을 거야. 아리스토텔레스의 이론 체계를 무너뜨린 것은 바로 '질문'이었어. 17세기 과학 혁명은 아리스토텔레스의 관점과 질문을 바꾸는 것에서 시작되었지. 아리스토텔레스는 언제나 자연 세계에 '왜'를 물었잖아. '돌멩이가 왜 떨어지는 것일까?' 하고 말이야. 그런데 17세기의 과학자들은 아리스토텔레스처럼 '왜'를 질문하지 않기로 선언했어. 질문을 바꿔 버린 거야. 돌멩이가 '왜' 떨어지는지를 묻지 않고 돌멩이가 '어떻게' 떨어지는지를 탐구했어. 돌멩이의 운동을 관찰하고 측정해서 그 변화 양상을 수학적으로 나타냈던 거야. 그리고 돌멩이가 왜 떨어지는지에 대해서는 '모른다'고 당당히 말했지. 질문이 이렇게 중요하단다.

II ━━〜〜〜〜〜〜〜 물질

세계는
물질로 이루어졌다

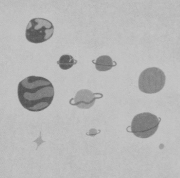

　　1633년 갈릴레오는 종교 재판을 받았어. 종교 재판관은 갈릴레오에게 이렇게 물었어. "성찬식에서 우리가 먹는 빵과 포도주는 무엇인가?" 갈릴레오가 머뭇거리면서 말을 못 하자, 종교 재판관은 다그치면서 다시 물었지. "예수님의 피와 살이 아니면 도대체 뭐란 말이오? 당신, 원자론자가 아니오?" 겁에 질린 갈릴레오는 "저는 원자론자가 아닙니다."라고 부인했지만 종교 재판관은 의심의 눈초리로 계속 심문했어. "당신이 원자론을 믿으면 빵과 포도주는 만지고 보고 맛보는 물질에 불과한 거요. 예수님의 피와 살을 한낱 원자 알갱이가 결합한 것으로 보다니, 신성 모독이고 종교적 이단이오!!"

　　시대가 지나서 1904년 러시아에서 태어난 조지 가모프라는 천문학자가 있었어. 그는 어린 시절에 교회에서 사용하는 성찬용 빵을 몰래 집에 가져왔어. 빵에 예수의 살점이 정말 붙어 있는지 궁금해서 확인하려고 훔쳐온 거야. 집에 있는 현미경으로 샅샅이 들여다봐도 사람의 살점은 발견되지 않았지. 빵은 빵이었으니까. 그것이 예수님의 살을 상징하든 어떻든 말이야. 그때부터 조지 가모프는 커서 과학자가 되기로 결심했다고 해. 그는 나중에 빅뱅 이론을 만든 과학자로 성공했어.

21세기에 과학 교과서를 펼쳐 보면 첫 단원이 '물질'이야. 자연은 무엇으로 이뤄졌으며, 자연을 이루는 물질은 어떤 규칙성을 가지고 있는가? 이러한 질문은 자연이 물질로 이뤄졌다는 것을 당연히 받아들이고 묻는 거지. 우주, 지구, 생명, 인간이 모두 물질로 되었다고 전제하고, 어떤 물질로 구성되었는지를 이야기하고 있어. "지구와 생명체는 다양한 물질로 구성되어 있다. 모든 물질은 원자로 이뤄졌다.", "탄소, 산소, 수소, 질소 등의 원소는 다양한 물질을 이루고 생명체를 구성한다."고 말이야.

만약에 17세기 종교 재판관이 타임머신을 타고 와서 과학 교과서를 보면 기겁을 할 거야. 그들이 제일 걱정하는 일을 두 눈으로 확인하게 될 테니까. 종교계의 권력자들은 세상이 물질로 이뤄졌다는 생각을 막으려고 사람들을 가두고 고문하고 죽이기까지 했지. 왜 그랬을까? 그 생각이 그토록 위험한 것일까? 우주 삼라만상이 물질 입자들의 결합과 운동으로 이뤄졌다고 하면. 게다가 그것이 우연적 운동의 결과라고 하면 세상에서 특별한 것은 하나도 없어. 우주나 지구는 물론 인간의 육체나 영혼도 물질의 운동으로 만들어졌을 테니까 우리가 죽고 나면 다시 물질로 돌아갈 것이고, 사후 세계가 있을 이유가 없지. 결국 신의 존재가 필요없어지는 거야.

지난 2000년이 넘는 동안 사람들은 세상이 물질로 이뤄졌다고 생각하지 않았어. 그리스의 데모크리토스와 같은 일부 자연철학자들이 이야기했지만 사람들은 그들의 말에 전혀 귀 기울이지 않았지. 그러다 17세기에 와서 갈릴레오, 뉴턴과 같은 과학자들이 등장한 거야. "세계는 물질로 이뤄졌고 법칙에 따라 작동한다. 그리고 그 법칙을 인간의 이성으로 알 수 있다."는 생각이 사회에 퍼져 나가기 시작했어. '과학 혁명'이라고 할 만큼 엄청난 사건이었지. 세계관의 변혁을 일으킨 것인데 이 생각의 변화가 왕을 바꾸고 정치 체제를 바꾸고, 마침내 역사를 바꾼 거야. 과학이 '근대'라는 시대를 이끌었다고 '근대 과학'이라고 하잖아. 또 물질적 세계관을 근대적 세계관이라고 하지. '물질이란 무엇인가'를 아는 것보다 더 중요한 것은 '세계가 물질로 이뤄졌다는 생각'이야.

1. 비정한 혼돈의 시대

하늘을 보라

어느 날 대낮에 갑자기 어두컴컴해지는 거야. 해가 달에 의해 가려지는 일식 현상이 일어났어. 사람들은 두려움에 휩싸였지. 우주에서 벌어지는 현상을 알 길이 없기에 일식을 보고 신이 인간에게 벌주는 것이라고 생각하고 살았어. 하지만 어떤 사람들은 이런 답변에 만족하지 않았단다. 이들 덕분에 수천 년간 베일에 싸여 있던 우주의 신비가 풀리기 시작했어.

고대 그리스로부터 내려오던 위대한 질문이 있었지. 세계는 무엇으로 이뤄졌고, 어떻게 움직이는가? 하늘이 움직이는 것일까, 땅이 움직이는 것일까? 물론 누구도 땅이 움직인다고는 생각하지 않았지. 왜냐면 하늘이 움직이는 것처럼 보이니까, 지구가 아니라 태양과 달이 움직이는 것처럼 보이니까. 우주의 중심에 지구가 있고, 태양과 달이 움직인다는 천동설은 상식이었어. 우리는 흔들리지 않는 땅 위에 굳건히 서 있거든. 매일매일 하늘을 가로지르는 태양과 달을 보고 살고 있는데 다른 무슨 증거가 필요하겠어?

그런데 천동설을 의심하는 천문학자들이 나타났어. 하늘이 움직이는 것이 아니라 움직이는 것처럼 보이는 게 아닐까? 태양이 도는 것이 아니라 지구가 도는 것이 아닐까? 우주의 중심에 지구가 아니라 태양이 있는 게 아닐까? 폴란드의 천문학자, 코페르니쿠스는 지구 중심의 우주 모형에서 태양 중심으로, 지구와 태양의 위치를 바꾸어 보았어. 그랬더니 관측 결과가 더 잘 맞는 거야. 더 간단하고 더 세련되고 더 효율적인 우주의 모형이 그려졌지.

이때부터 코페르니쿠스는 태양 중심의 우주를 마음에 품게 되었어. 그의 나이 마흔 살 가까이 된 1510년 무렵이었지. 하지만 도저히 발설할 수 없는 거야. 지구가 우주의 중심이 아니고 태양 주위를 돈다고 하는 순간, 미친놈 취급을 받을 것이 뻔했기 때문이지. 그래서 코페르니쿠스는 거의 30년 동안 혼자서 자신의 우주 모형을 연구했어. 1543년에 『천구의 회전에 관하여』를 가까스로 출간했지만 임종의 순간이 다가오고 있었어.

온갖 비난과 비웃음, 분노의 표적이 될 것이라는 코페르니쿠스의 예상은 적중했어. 『천구의 회전에 관하여』가 세상에 나오자, 종교 권력자들은 격노했어. 책이 출간되기 1년 전인 1542년에 로마에 종교 재판소가 설립되었거든. 이곳은 가톨릭(구교)과 프로테스탄트(신교)의 종교적 갈등이 격화되면서 이단자를 색출하려고 만든 조직이었는데 코페르니쿠스에게 엄청난 비난의 화살을 쏟아부었어. 믿음이 시원찮은 바보이며 허풍쟁이라고 말이야.

그러나 코페르니쿠스의 지동설은 과학 혁명의 도화선이 되었어. 코페르니쿠스는 세상을 떠나고 없었지만 그의 우주는 소리 소문 없이 퍼져 나가고 있었어. 종교계는 이것을 막으려고 갖은 노력을 다했단다. 로마 가톨릭교회에서는 그의 책을 금서 목록에 올렸고. 프로테스탄트 지역에서는 코페르니쿠스의 우주를 공개적으로 공격했어. 태양을 중심으로 지구가 돈다는 것은 말도 안 되는 가설이라는 거야. 구교와 신교, 어디에서나 극렬히 반대했어. 그러던 중에 조르다노 브루노 사건이 터졌지.

도미니쿠스회 수도사였던 브루노는 이탈리아, 프랑스, 영국 각지를 돌아다니면서 코페르니쿠스의 지동설을 전했어. 몸집은 작았지만 자유롭고 대담한 사상의 소유자였지. 그는 코페르니쿠스보다 더 급진적이었어. 우주의 시공간에 한계가 없다는 무한 우주론을 주장하고, 세상에 모든 것이 원자와 같은 물질로 이뤄졌다는 원자론을 옹호했단다. 가톨릭교회의 입장에서 보면 신을 부정하는 것이나 마찬가지였으니 그냥 놔둘 수 없었겠지. 브루노는 후원자에게 고발당해 종교 재판을 받게 되었어. 1591년 로마로 압송되어 종교 재판소가 있는 감방에 수감되었지.

브루노는 심문과 재판을 받으며 8년이 넘는 세월을 보냈어. 결국에 "회개할 줄 모르는 완고한 악성 이단"으로 선고받고 캄포 데이 피오리 광장에서 화형에 처해졌어. 수많은 군중 앞에 선 브루노는 마지막 순간까지 항변했어. 얼굴에 십자가형이 가해졌고 말뚝에 묶인 채 산 채로 불태워졌지. 타고 남은 뼛조각까지 긁어모아 산산이 부숴 가루를 만들었단다. 이런 끔찍한 일이 벌어진 날은 1600년 2월 17일이었어. 1600년 새해가 밝았으나 새로운 시대, 근대의 여명은 어디쯤 오고 있는지 아직 어둡고 춥기만 했어.

존재의 대사슬

1600년대 유럽의 대학에 과학이라는 과목은 없었어. 대학의 교양 과목은 3학 4과로 구성되었는데 그중에 핵심은 철학 과목인 3학이었지. 3학은 수사학과 문법, 변증법이었고, 4과는 수학, 기하학, 천문학, 음악이었어. 과학에 해당되는 4과는 당시에 기예로 취급하면서 철학하고는 엄격히 분리했지. 천문학 교수는 천체의 운행을 관측하기만 하고, 우주론과 같은 철학적 문제를 탐구하면 안 되었어. 또한 성경에 나오는 우주에 관한 설명은 철학과 교수도 할 수 없었지. 오직 교황만이 성경의 의미를 깊이 있게 연구할 권한이 있었어.

신학, 철학, 과학의 순서로 학문에 위계질서가 있었던 거야. 철학이 신학의 시녀였으니까, 과학은 말할 것도 없었지. 감히 코페르니쿠스와 같은 천문학자가 우주의 구조를 바꾸고 하느님의 말씀인 성경에 반대되는 이야기를 하는 것은 종교계를 모독하는 일이었어.

성경은 서양의 전통적 세계관을 담고 있는 책으로 2000년의 역사를 가지고 있어. 무엇이 옳고 그른지, 인간이 어떻게 살아야 하는지를 상세히 써놓은 경전이야. 서양의 사회 질서를 지탱해 온 지침이라고 할 수 있어.

중세 봉건 사회는 신분과 계급 사회였고, 종교가 계급 사회를 떠받치고 있었지. 종교와 정치가 서로 권력을 나눠 갖고 교황과 왕이 사회를 지배했어. 권력을 가진 사람들은 자신의 기득권을 계속 유지하고 싶었을 거야. 성경은 이들에게 중세 사회의 지배 이데올로기를 제공했어.

신학자들은 아리스토텔레스의 이론을 가지고 견고한 사회 시스템을 만들어 놓았어. 바로 '존재의 대사슬'이었어. 원래 아리스토텔레스가 세계의 모든 존재에게 위치를 부여한 것인데, 4~5세기경 성 아우구스투스가 기독교 교리에 맞도록 다듬었지.

먼저 우주는 달을 기준으로 영원하고 완벽한 천상의 세계와 타락한 지상의 세계로 나누었어. 달 주위에는 태양과 행성, 항성들이 있고 높은 곳에는 천사들이 있었어. 인간의 영혼은 천사들

존재의 대사슬

아리스토텔레스가 구상한 '존재의 대사슬'이라는 큰 그림은
4~5세기 성 아우구스투스에 의해 기독교 교리로 다듬어졌다.
세계의 모든 존재는 제가끔 위치와 서열이 정해졌다.

보다 약간 낮은 달의 세계에 포함되어 있었고, 그 아래에는 차례로 인간, 동물, 물고기, 곤충, 식물, 광물, 무생물을 배치했지. 아홉 단계에 악마가 있고, 마지막으로 지구 중심인 지옥에 마왕이 존재한다고 했어.

유럽 사람들은 오래전부터 '존재의 대사슬'을 믿었고, 그것의 관점으로 세상을 바라보고 있었어. 우주의 중심에는 지구가 있고, 천상계는 영원불변하고, 생물종은 고정되어 있고, 왕이나 귀족은 섬겨야 할 사람들이고, 죽은 후에 천국이나 지옥에 간다고 말이야. 하느님이 창조한 세계는 그대로 유지되어야 하니까 새롭게 별이 탄생해도 안 되고, 자기 위치를 벗어나도 안 돼. 행성의 위치가 바뀌는 것은 마치 농노가 왕이 되는 것처럼 사회 질서를 어지럽히는 잘못된 일이었어.

특히 존재의 대사슬에서 지구의 위치는 중요했어. 우주의 중심에 있는 지구는 사람들이 사는 거주지였거든. 우주에서는 낮고 천한 위치였지. 지구에 사는 사람들은 왕이든, 귀족이든, 농노든 영원불멸의 완벽한 천상 세계를 우러러보면서 살았어. 하지만 죽어서는 영혼이 가는 자리가 달라져. 하느님의 말을 잘 따른 사람의 영혼은 저 높은 천국의 자리로 올라가고, 그렇지 않은 사람의 영혼은 저 낮은 지옥의 자리로 떨어진다는 거야. 현세가 고통스러운 사람들에게 죽어서 가는 천국의 세계는 큰 위로가 되었고, 삶의 목적이 되어 주었지. 이렇게 중세 사람들은 모두 존재의 대사슬에 묶여 있었단다. 그 누구도 종교와 사회가 정해 놓은 자리에서 자유로울 수 없었어.

사실 오늘날 관점에서 보면 존재의 대사슬은 두 가지 문제가 있어. 첫째는 존재의 대사슬이 틀렸다는 거야. 지구가 우주의 중심이 아니니까 자연 세계를 제대로 반영하지 못하고 있지. 둘째는 존재의 대사슬에 도덕과 삶의 의미를 부여한 점이야. 존재의 대사슬에서 '지구 중심주의'가 인간의 삶에 영향을 미치면 안되잖아. 우주의 중심에 지구가 있든 말든 삶의 의미와 무관하니까. 그럼에도 존재의 대사슬에 반대되는 지동설을 주장하려면 이 두 가지와 맞서야 했어. 잘못된 사실이라는 것을 밝혀야 하고, 나아가 중세적 가치 체계와 싸워야 했단다.

종교 재판의 야만성

코페르니쿠스가 일으킨 파문은 멀리 가고 있었어. 신성 로마 제국 루돌프 2세의 황실 수학자였던 케플러가 새로운 관측을 세상에 내놓았지. 태양계의 행성들이 등속 원운동이 아니라 부등속 타원 운동을 한다는 거야. 아리스토텔레스가 천상계에서는 등속 원운동만 있다고 했는데 또 어긋난 사실이 나온 거지. 케플러는 탄압받고 있는 코페르니쿠스의 이름을 책 제목에 썼어. 그렇게 『코페르니쿠스 천문학 개요』에서 "나는 코페르니쿠스의 가설 위에 내 모든 천문학을 세웠다."고 당당하게 선언했단다.

　　1600년 브루노의 입을 막았지만 케플러와 같은 숨은 코페르니쿠스주의자들을 모두 색출할 수는 없었어. 케플러는 1596년 『우주의 신비』라는 책을 써서, 갈릴레오에게 보냈지. 코페르니쿠스를 지지하는 운동에 합류하자는 제의와 함께 말이야. 그때 갈릴레오는 응답하지 않았어. 하지만 10여 년 후인 1610년에 코페르니쿠스를 지지한다고 공언하고 나섰어. 코페르니쿠스주의자의 모습을 드러내기 시작한 거야. 갈릴레오는 1615년 종교 재판소에서 자신의 책 『천구의 회전에 관하여』를 금서 목록에 올릴 거라는 이야기를 듣고는, 〈크리스티나 대공비에게 보내는 편지〉에서 이렇게 말해. "코페르니쿠스의 학설을 금하는 것은 제게는 진실에 대한 위반 행위입니다. 진실이 분명히 드러나는 것을 막으려고 더더욱 진리를 숨기고 억압하려는 시도로 판단됩니다."

　　갈릴레오에게 코페르니쿠스는 한낱 천문학자가 아니었어. 갈릴레오는 코페르니쿠스를 "우주의 높은 곳을 응시했고 세계의 구성에 관해 철학적으로 사색한 사람"이라고 추앙했어. 세계의 궁극적인 본질을 논할 자격이 있는 철학자라는 거지. 물론 자신도 철학자라고 생각했어. 갈릴레오는 피렌체 메디치 가문의 수석 수학자이며 철학자로 일하면서 적극적으로 코페르니쿠스의 우주를 옹호했어. 지구가 돈다는 사실이 성경의 가르침에 위배되지 않는다고 보았거든. 과학은 자연 세계를 탐구하고, 신학은 종교적 믿음을 다루니까, 서로 별개의 영역이고 말했지.

"성경은 하늘에 가는 길을 보여 주지, 하늘이 가는 길을 보여 주지 않습니다.", "하느님을 무리하게 물질적 존재에 끌어들이지 마십시오.", "성경에는 행성들의 이름조차 언급되어 있지 않습니다."

갈릴레오는 이렇게 냉철하게 본질을 꿰뚫고 있었어. 그는 왜 사람들이 종교에 매달리는지, 그 이유까지 알고 있었지. "사람들이 완벽함, 영원성 등을 높이 찬양한다면 내 생각에 그것은 계속 살고자 하는 욕망 때문이고 죽음에 대한 두려움 때문입니다. 인간이 불멸한다면 결코 이 세상에 오지 못했을 것입니다."

17세기에 갈릴레오는 혁명적인 생각을 했어. 인간은 물론 태양과 행성, 지구를 원자로 이뤄진 물질계로 보았지. 영적이고 불멸하는 세계를 믿지 않았어. 그의 눈에는 천상과 지상 세계가 하나이며 어떤 차이도 없었어. 결국 갈릴레오는 브루노처럼 종교적 이단으로 고발당하고 종교 재판을 받았어. 일흔 살의 나이에 재판관들 앞에서 무릎을 꿇고 두려움과 공포에 떨면서 참회해야 했어.

태양이 우주의 중심이고 움직이지 않으며, 지구는 중심에 있지 않고 움직인다고 제가 믿고 있다는 것은 오해입니다! 저는 저에게 정당한 이유로 쏠리는 이단의 의혹을 대주교와 모든 천주교인의 마음에서 없애고 싶습니다.

진심으로 말하건대, 제가 가지고 있는 잘못된 개념과 이단 사상, 그리고 교회의 가르침과 어긋나는 다른 어떠한 실수든 저주하고 혐오할 것입니다. 그리고 앞으로 다시는 입으로든 글을 통해서든 이와 비슷한 오해를 일으킬 수 있는 말을 하지 않을 것을 맹세합니다.

이처럼 갈릴레오가 살았던 17세기는 야만적이고 비정한 혼돈의 시대였어. 코페르니쿠스의 천문학 혁명이 일어났다고 하지만 종교적 이단의 대상이 되었지. 종교계뿐만 아니라 대부분의 사람들은 과학을 외면하거나 적대감을 드러냈어. 왜 그랬을까? 과학이 완전히 새로운 이야기를 했거든. 시대를 앞서간다는 말이 있잖아. 과학은 하나부터 열까지 납득할 수 없는 이야기를 하고 있었어. "지구가 움직인다니, 말도 안 돼. 지구가 조금이라도 흔들린다면 도시도 성곽도 마을도 산도 무너져 내려야 하잖아." 세상은 혼란스러웠고, 사람들은 오히려 낡은 세계관을 부여잡고 싶었어.

새로움을 받아들일 준비가 안 된 사람들에게 과학은 혼란을 더 부추기는 것처럼 보였지. 이러한 무지와 야만의 어둠을 뚫고 근대 과학의 빛이 솟아올랐던 거야. 낡은 시대는 가고, 새로운 시대여 오라!

2. 자연은 수학의 언어로 되어 있다

망원경으로 밤하늘을 보라

갈릴레오 갈릴레이의 아버지, 빈센초 갈릴레이는 피렌체에서 명성이 자자한 음악가이며 류트 연주자였어. 류트는 16세기 유럽에서 유행했던 기타처럼 생긴 현악기야. 갈릴레오는 어려서부터 아버지로부터 음계, 화음의 수학적 법칙을 듣고 자랐어. 물론 여러 악기를 다루는 법도 배우고 박자 감각도 익혔지. 그런데 갈릴레오의 아버지는 아들이 음악가가 되거나 수학자가 되는 것을 원치 않았어. 자신의 아들은 의사가 되어서 풍족한 삶을 살기 원했지.

하지만 갈릴레오는 무척이나 아버지 말을 안 듣는 아들이었어. 의사가 되라는 아버지의 뜻에 따라 피사 대학에 들어갔으나 유클리드와 아르키메데스에 빠져서 의학 공부는 뒷전이었어. 그러다 결국 아버지의 반대에도 불구하고 학위도 안 따고 대학을 그만두었지. 그 뒤 독학으로 수학 공부를 해서 1589년 피사 대학에 수학 교수 자리를 어렵게 얻었어. 3년 후에는 피사 대학과 재계약을 못 하고, 1592년 베네치아의 파도바 대학으로 옮겼단다.

갈릴레오가 과학자로 빛을 보기 시작한 것은 망원경을 직접 제작했을 때부터야. 1609년 5월 네덜란드에서 들어온 망원경을 처음 봤을 때 갈릴레오는 특별한 도구라는 느낌을 받았어. 그는 망원경을 각별하게 신뢰하고 사랑했지. 왜냐면 망원경은 지금껏 누구도 말해 주지 않은 우주의 신비를 보여 주었거든. 갈릴레오가 망원경으로 본 밤하늘은 아리스토텔레스가 말한 것과는 전혀 달랐어. 불변하고 완벽한 세계인 줄 알았는데 끊임없이 변하는 역동적인 곳이었어.

1572년과 1604년에 티코 브라헤가 새로운 별을 발견했을 때 학계가 발칵 뒤집혔지. 30년 사이에 새로운 별이 두 개나 나왔다고 학자들이 야단법석을 떨었어. 그런데 1609년 갈릴레오는 망원경으로 이미 알려진 별들의 10배 이상을 보았어. 은하수가 무엇인지도 똑똑히 확인할 수 있었지. 사람들은 은하수를 햇빛이나 달빛에 반사되는 뿌연 안개라고 짐작하고 있었거든. 우주에서 피어나는 안개 같은 것이라고 여겼던 거야. 그런데 은하수는 실체가 확실히 있는 별들의 집합이었어. 그것도 헤아릴 수 없이 많은 별들의

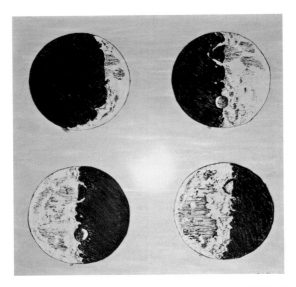

갈릴레오가 망원경으로 보고 그린 달. '천상의 세계가 흠이 없는 완벽한 세계'라는 믿음에 금이 가기 시작했다.

모임이었지.

그뿐만이 아니었어. 갈릴레오가 망원경으로 달을 보았을 때는 말할 수 없는 충격에 빠졌어. 맨눈으로 보았을 때 보이지 않던 달의 모습이 드러났거든. 달은 예상했던 것과 달리 매끄럽고 반질반질한 수정 구슬이 아니었어. 달의 표면은 거칠고 울퉁불퉁했지. 지구와 마찬가지로 갈라진 골짜기와 솟아오른 분화구가 있는 암석 행성이었던 거야. 갈릴레오는 본격적으로 달을 관찰해서, 그해 11월 30일부터 12월 18일까지 달 그림 8장을 그렸어. 초승달,

반달, 보름달의 모습을 사실적으로 묘사했지. 이 달 그림은 과학의 역사에서 기념비적인 작품이야. 달이 지구에서 볼 수 있는 흙과 돌멩이 같은 물질로 이뤄졌다는 것을 보여 주었으니까.

이 모든 것이 최초였어. 마침내 1610년 1월 7일에 갈릴레오는 목성을 처음 관찰했어. 놀랍게도 칠흑같이 어두운 하늘에서 목성 바로 옆에 별 세 개가 빛나고 있었어. 그는 매일 밤마다 이 '작은 별'들을 관측해서 그림을 그리고 일지를 썼어.

1610년 1월 7일, 두 별이 목성 동쪽 가까이에, 한 별이 서쪽에 있다. 나는 이 별들과 목성 사이의 거리에 대해서는 신경도 쓰지 않았다. 처음에는 이것들을 항성(붙박이별)이라고 생각했기 때문이다.

1월 8일, 오늘은 아주 다른 배열을 보았다. 작은 별 세계가 모두 목성의 서쪽에 있고, 어젯밤보다 서로 간의 거리도 훨씬 가까워졌다. 어젯밤에는 앞에 말한 세 항성의 서쪽에 있던 목성이 어떻게 동쪽에 와 있는지 정말 의아하다.

1월 10일. 목성 근처에는 별이 둘만 보인다. 모두 동쪽에.

1월 13일. 처음은 네 별이 보였다. 네 별은 거의 직선으로 늘어서 있지만, 서쪽에 있는 것들 중 가운데 별은 직선에서 약간 북쪽으로 벗어나 있다.

1월 15일. 네 별은 모두 서쪽에 있고, 거의 직선으로 늘어서 있다. 다만 목성에서 세 번째 별은 북쪽으로 약간 솟아 있다. 언제나처럼 모두 아주 밝고 깜박이지 않는다.

1월 19일. 목성을 가로지르며 세 별이 직선으로 늘어서 있다. 이번에는 잘 모르겠다. 동쪽 별과 목성 사이에 작은 별이 목성에 닿을 정도로 아주 가까이 있는지 아닌지……

—『별의 소식』에서

목성 주위의 작은 별들은 항성이 아니었어. 이 작은 별들은 목성의 적도를 따라 동서 방향으로 나란히 늘어서 있었어. 더구나 밤마다 서로 위치를 바꾸는 거야. 목성 옆에 붙어서 따라다니면서 말이지. 갈릴레오는 이 작은 별들이 '목성을 중심으로 원 궤도를 그린다'고 생각하고는 깜짝 놀랐어. 지구를 중심으로 돌지 않는 별이 있다니! 무언가 목성 주위를 돌고 있다면, 모든 별과 행성이 지구를 중심으로 공전한다는 기존의 우주 모형이 틀렸다는 것을 증명해. 지구가 우주의 중심이 아니라는 말이잖아. 갈릴레오는 망원경으로 목성의 위성을 직접 관찰하고 나서, 코페르니쿠스의 지동설이 옳다는 확신을 했어.

1610년 1월 7일은 인류의 역사에서 길이 기억해야 할 날이야. 우주에서 차지하고 있는 인간의 위치가 뒤바뀐 날이지. 우주는 인간이 생각한 것보다 훨씬 드넓었어. 우주에는 수많은 별들이 있었어. 지구는 그 수많은 별들 중 하나이고, 우주의 중심도 아니었

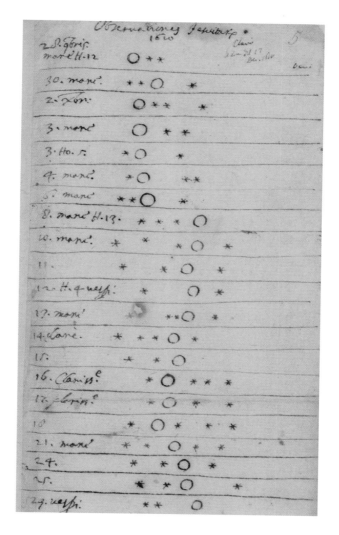

갈릴레오는 망원경으로 목성과 목성 둘레를 도는 것처럼 보이는 빛나는 점을 관찰하고 깜짝 놀란다. 지구가 우주의 중심이라면 절대 일어날 수 없는 일이었기 때문이다.

던 거야. 갈릴레오는 석 달 후에 달의 모습과 목성의 위성을 『별의 소식』(*Sidereus Nuncius*)이라는 책에 실었어. 이 책이 나오자, 유럽 대륙은 그야말로 술렁이기 시작했어. 갈릴레오가 기존의 천문학은 물론 철학적 세계관을 뒤엎어 버렸으니까.

망원경의 위력은 대단했어. 당시에 갈릴레오가 그린 달의 모습을 보고 경악하지 않은 사람이 없었어. 달 그림에는 밝은 부분과 어두운 부분의 경계선이 고르지 않고 꼬불꼬불하게 표현되어 있어. 달의 표면이 고르지 않고 거칠며 들쭉날쭉하다는 것을 강조하기 위해서야. 당시 사람들은 달을 성모 마리아의 순결성을 상징하는 완벽한 존재라고 믿고 있었지. 그런데 갈릴레오는 달이 신성하거나 완벽하지 않다는 것을 입증한 거야. 영원불변의 천상계를 부르짖는 아리스토텔레스의 철학에도 큰 타격을 주었어.

무언가 옳다, 그르다를 따질 때 '보여 주는 것'만큼 확실한 방법은 없어. 눈으로 한번 보는 것은 명백한 증거가 되잖아. "천사가 세상에 있습니까? 당신 천사를 본 적 있어요? 그러면 어디 증거를 가져와 봐요?"라고 물을 수 있어. 마찬가지로 "지구가 돌고 있습니까? 전혀 느끼지 못하겠는데 어디 증거를 가져와 봐요?"라고 할 때 망원경은 실증적인 자료를 제시하고 사람들을 설득하는 중요한 도구가 되었지.

사고 실험으로 지구의 운동을 설명하다

그런데 망원경은 지구가 도는 것을 직접 보여 주지 않아. 관찰 자료로 지동설이 옳다는 몇몇 증거를 제공할 뿐이지. 지구 밖으로 나가서 지구가 도는 것을 보여 주면 확실한데 그럴 수야 없잖아. 사람들을 설득할, 또 다른 방법이 필요했어. 지구가 도는 이유를 논리적으로 설명하고 증명해야 했지. 이 과정에서 힘과 운동을 다루는 '역학'인 물리학이 나왔어.

지구는 정말 도는가? 그런데 왜 느끼지 못할까? 코페르니쿠스 말대로 지구가 태양 주위를 빙글빙글 돌고 있다면 세상이 온전할 리가 없어. 지구가 도는 속도 때문에 강풍이 불어야 하고, 우리는 어질어질해야 하고, 머리 위로 던진 돌멩이는 뒤로 떨어져야 해. 그런데 그런 일이 벌어지지 않아. 우리는 지구의 운동을 전혀 느낄 수 없고, 태양이 하늘을 가로질러 움직이는 것처럼 보인다는 거야.

왜 그럴까? 갈릴레오의 답은 간단했어. 지구가 도는데 태양이 도는 것처럼 보여서, 그렇게 착각했다는 거야. 자연은 우리의 감각을 현혹시켜. 지구가 도는가, 태양이 도는가? 내가 도는가, 네가 도는가? 내가 도는데 꼭 네가 도는 것처럼 보인다는 거야. 겉보기(가짜) 운동과 진짜 운동을 구분하기 어렵거든. 기차를 타고 가다 보면 이런 상황을 경험할 수 있어. 내가 탄 기차가 역에 서 있는데 갑자기 움직이는 것 같아. '아, 기차가 출발했구나' 싶었는데 그게 아니야. 옆 선로에 있는 다른 기차가 움직이는데 꼭 내가 탄 기차가 움직이는 것처럼 느껴지지.

갈릴레오는 아주 큰 배를 타고 가는 상황으로 비유했어. 친구랑 갑판 아래 선실에 들어갔다고 하자. 친구하고 공놀이를 하고, 선실 바닥에서 멀리뛰기를 해 보자. 지상에서 할 때와 크게 다르지 않다는 것을 느낄 수 있어. 배가 이리저리 움직이지 않는 한, 배가 지금 운행하는지, 정지해 있는지 잘 느끼지 못해. 그러다 선실 밖으로 나와 밖을 내다보면 배의 움직임을 느낄 수 있어. 기차를 타고 갈 때도 마찬가지지. 창문 밖으로 빗방울이 사선으로 스치는 것을 보고 기차가 앞으로 달리는 것을 알 수 있잖아. 운동은 상대적이라서 다른 것과 비교되어야 느낄 수 있어. 갈릴레오는 이것을 '운동의 상대성 원리'라고 했어.

우리는 지구라는 배를 타고 가고 있는 거야. 지구의 모든 사람들은 배를 타고 가는 승객이지. 지구에 있는 모든 것은 지구와 함께 운동하고 있어. 만약에 우리가 하루에 시속 1670킬로미터로 자전하는 것을 느낀다면 괴로워서 견딜 수가 없을 거야. 지구에서 살도록 진화한 우리는 지구의 자전과 공전에 적응된 감각 기관을 가졌어. 지구가 도는 건데, 우리 눈에는 태양이 도는 것처럼 보였던 거야.

그러면 지구가 돌긴 도는데, 왜 '계속' 도는 것일까? 사람들은 지구가 계속 운동하는 것이 이상하다고 생각했어. 일상의 경험에서는 움직이는 물체가 언젠가 멈추거든. 움직이는 물체에 계속 힘을 제공하지 않으면 멈춘다는 것이 상식이야. 아리스토텔레스는 이런 상식으로 운동을 설명했지. 그래서 물체가 정지해 있는 것을 가장 자연스러운 상태로 보았어. 운동은 부자연스러운 것이기에 언제나 설명이 필요했지.

이에 대해 갈릴레오는 특별한 사고 실험에서 답을 찾았어. 사고 실험이란 이상적인 상태를 만들어 머릿속에서 상상하는 실험이야. 1600년대였잖아. 완벽한 실험 장비를 마련할 수가 없었거든. 마찰이나 공기압 등 외부 요인을 말끔히 제거할 수도 없었지. 갈릴레오는 그의 주특기인 상상력을 발휘했어.

방해 요인이 전혀 없는 이상적인 평면에서 둥근 공을 굴리면 어떻게 될까? 평면이 있는 공간에 공기 저항이 없고, 평면은 매끈하게 닦여 있어서 마찰력이 전혀 작용하지 않는다고 생각해 봐. 또 평면은 무한대로 펼쳐져 있고 완벽하게 수평을 이루고 있다고 해 보자. 이러한 평면에서 공을 살짝 밀면 얼마나 멀리 굴러가고, 얼마나 오랫동안 구를까?

갈릴레오의 답은 공이 영원히 굴러간다는 거였어. 그는 이러한 논리로 설명했지. 탁구대를 기울인 것 같은 경사로를 머릿속에 떠올려 봐. 먼저 경사로 위쪽에서 아래로 공을 굴려 보는 거야. 그러면 공은 아래로 내려올수록 점점 빨라지겠지. 반대로 경사로 아래쪽에서 위로 공을 쳐 올리는 거야. 그러면 공은 위로 올라가면서 속도가 점점 느려지겠지. 그다음에는 전혀 기울기가 없는 수평의 평면에서 공을 굴려 보는 거야. 어떤 예상을 할 수 있을까? 위로 올리면 속도가 느려지고 아래로 굴리면 속도가 빨라지니까, 수평 상태에서는 공의 속도가 느려지지도 않고 빨라지지도 않고 일정한 속도로 계속 굴러갈 거야. 속도가 변하지 않는다는 것은 '영구적인 운동'을 의미하지.

갈릴레오는 사고 실험을 통해 '물체는 현재의 운동 상태를 유지하려는 성질이 있다.'는 것을 알아냈어. 이것을 나중에 뉴턴이 첫 번째 운동 법칙인 '관성의 법칙'으로 정리하게 돼. 움직이는 물체는 언젠가 멈춘다는 생각이 잘못된 거였어. 물체의 가장 자연스러운 상태는 정지 상태가 아니라 '일정한 속도로 움직이는 등속 운동'이었어. 그래서 지구가 계속 도는 거였지. 등속 운동은 우주에서 일어나는 자연스러운 현상이었던 거야.

측정할 수 없는 것도 측정하라

당시 코페르니쿠스의 지동설에 의문을 품은 사람들이 '지구가 왜 도는가?' 다음으로 궁금했던 것이 있어. 바로 '지구가 우주의 중심이 아닌데 왜 돌은 아래로 떨어지는가?'였지. 아리스토텔레스는 흙에 무거움이라는 물질의 본성이 있다고 설명했어. 무거움이란 우주의 중심으로 향하는 성질이고, 이러한 물질의 성질이 운동을 일으킨다는 거야. 그런데 갈릴레오는 물질마다 운동에 관련된 성질이 있는 것이 뭔가 이상했어. 운동은 운동일 뿐, 물질의 성질과는 무관하다고 생각했지. 그는 물질의 성질에서 운동의 원인을 찾는 것이 잘못되었다는 것을 알고, 질문을 바꿔 버렸어.

'돌은 왜 떨어질까?' 이렇게 질문하지 말고, '돌은 어떻게 떨어질까?' 이 질문을 하자는 거야. 갈릴레오는 아리스토텔레스가 질문했던 '왜'를 '어떻게'로 바꾸었어. 지구가 우주의 중심이기 때문에 중심으로 향하는 것이 물질의 본성이며 목적이라고 하는데 그런 이야기는 다 집어치우고 그냥 돌이 어떻게 떨어지는가를 설명하자는 거야.

돌이 떨어지는 데 무슨 목적이 있겠어? 돌이 떨어지는 것은 하나의 운동이고 현상일 뿐이지. 갈릴레오는 아리스토텔레스가 세상을 보는 관점이었던 목적론적 세계관에서 벗어났어. 아리스토텔레스의 관점으로 운동을 이해할 수 없다고 생각했지. 이제부터는 자연에 대해 '왜'라는 질문을 하지 말고, '어떻게' 일어나는지를 설명하자고 말했어. 여기에서 철학과 과학이 나눠진다고 할 수 있어. 철학은 세상에서 일어나는 일의 원인과 목적을 묻는데, 과학은 세상에서 일어나는 변화와 운동을 측정해. 비가 왜 내리는지를 설명하지 않고, 비가 어떻게 내리는지를 알기 위해 비의 양, 비가 내리는 세기, 빗방울의 크기를 측정하는 거야.

갈릴레오에게는 "자연은 수학의 언어로 되어 있다."는 확신이 있었어. 우주는 수학의 법칙을 따르고 수학은 진리라고 믿었지. 자연 세계에서 군더더기를 걷어 내면 단순하고 아름다운 진리를 얻을 수 있다고 보았어. 그래서 우주에서 일어나는 모든 현상을 숫자로 정량화하는 작업에 몰두했어. 빛, 소리, 색깔, 온도, 번개, 바람 등등 우리가 느끼고 만지고 듣는 현상을 수치화하려고 했단다. 그런데 이것은 굉장히 어려운 작업이야. 생각해 봐. 눈에 보이지도 않는 빛의 빠른 속도를 어떻게 측정할 수 있겠어?

하지만 갈릴레오는 포기하지 않았어. 그가 자주 했던 말이 있어. "측정할 수 있는 것을 측정하고, 측정할 수 없는 것도 측정할 수 있도록 하자." 이런 말을 한 것은 빛이나 소리, 온도, 바람이 실재하는 물질이라는 믿음이 있어서야. 당시 아리스토텔레스 신봉자들은 빛이 실재하지 않는다고 말했어. 그러자 갈릴레오는 빛의 실체를 증명하는 실험을 보여 줬지. 햇빛에 한동안 노출시킨 황화바륨을 가져다 어두운 방 안에서 보여 준 거야. 신기한 광물은 빛을 저장하는 성질이 있거든. 어두운 방에서 상자의 뚜껑을 여는 순간, 황화바륨은 밝은 빛을 방출했어. 갈릴레오는 의기양양하게 말했어. "어때요? 이래도 빛이 실체가 아니라고 하시겠습니까?"

빛은 무엇일까? 원자론자였던 갈릴레오는 '눈에 보이지 않는 미립자'로 이뤄졌다고 생각했어. 빛은 입자이기 때문에 역학적 움직임이 있지. 이곳에서 저곳으로 전달될 수 있고 물체와 충돌하

통통한 과학책 1

면 반사되거나 굴절 현상이 일어나. 갈릴레오는 이러한 빛의 성질을 이용해서 망원경을 만들 수 있었어. 빛을 측정하고, 소리를 측정하고, 운동을 측정해서 숫자로 나타낼 수 있는 방법을 찾고 또 찾았던 거야.

자, 운동을 살펴보자. 세상에 모든 것이 변화하는 양상은 대체로 시간에 따른 변화라고 볼 수 있어. 강물이 흘러가는 것이나 물체가 떨어지는 것은 시간에 따른 위치의 변화, 즉 공간의 이동이야. 물체의 운동은 시간과 공간의 두 가지 변수로 나타낼 수 있어. 공간(거리)을 시간으로 나눈 값이 바로 속도잖아. 짧은 시간 동안 공간을 많이 움직이면 속도가 빠르다고 하지. 갈릴레오는 이렇게 질량, 시간, 거리, 속도 등을 수량화해서 운동의 원리가 무엇인지를 탐구했어.

측정을 하려면 실험을 해야 해. 정교한 실험 도구가 필요하지. 실험에는 어려움이 따르지만 실험은 사람들에게 무엇이 맞고 틀리는지를 확실하게 보여 줄 수 있어. 자유 낙하 운동에서 무거운 물체와 가벼운 물체 중 어떤 것이 빨리 떨어질까? 직관적으로 생각하면 무거운 것이 빨리 떨어질 것 같잖아. 아리스토텔레스도 무거운 것이 먼저 떨어진다고 말했지. 그러니까 모두들 철석같이 믿었어. 그런데 실험을 해 보면 그렇지 않다는 것을 알 수 있어.

갈릴레오는 무거운 것이나 가벼운 것이나 질량에 상관없이 모든 물체가 동시에 떨어진다는 것을 알고 있었어. 혼자서 여러 번 실험을 해보았거든. 문제는 자신이 옳다는 것을 증명하는 거였어. 갈릴레오는 그 유명한 피사의 사탑에서 보여 주기 위한 실험을 했다고 해. 깃털과 동전을 떨어뜨리면 공기 저항 때문에 동전이 깃털보다 먼저 떨어져. 공기 저항이 없는 진공 상태라야 깃털과 동전이 동시에 떨어지지. 그런 진공 상태를 만들 수 없는 갈릴레오는 공기 저항을 최소화하기 위해 크기와 모양은 같으면서 무게가 다른 물체를 만들어서 사용했어. 하나는 나무로, 또 하나는 납으로 공 모양의 구를 만들어서 실험했어. 나무와 납은 무게가 현격히 차이가 나는데도 거의 동시에 떨어졌지.

무거운 물체가 아래로 떨어지는 자유 낙하 운동의 원리를 밝히는 것은 결코 쉽지 않았어. 나중에 뉴턴이 밝혔듯이 돌이 떨어지는 것과 달이 지구 주위를 도는 것이 같은 원리였으니까. 하지만 갈릴레오는 하나하나 격파하듯이 아리스토텔레스가 틀렸다는 것을 밝혀 나갔어. 망원경을 만들어 관찰하고, 사고 실험을 하며 가설을 만들고, 측정하고 실험하면서 자신의 이론이 옳다는 것을 증명했단다.

자유 낙하 운동 실험 장치를 고안하다

갈릴레오가 자유 낙하 운동을 발견한 과정은 탄성이 절로 나올 정도야. 자유 낙하 운동은 관찰하거나 실험하기가 매우 어렵

갈릴레오가 고안한 자유 낙하 실험 장치.

거든. 높은 곳에 올라가서 허공에 물체를 떨어뜨려 봐. 순식간에 떨어지기 때문에 측정할 수가 없어. 갈릴레오는 허공에서 자유 낙하하는 공과 비탈길에서 얌전히 굴러오는 공이 밀접하게 관계가 있다고 생각했어. 경사로에서 공을 굴리는 사고 실험을 진짜 실험으로 만들었어. 경사로의 기울기에 따라 공의 속도를 마음대로 조절할 수 있는 실험 장치를 고안한 거야. 경사로를 완전히 세워 각도가 90도면, 자유 낙하 운동과 같은 거잖아.

갈릴레오는 경사로에 홈을 파고 아주 매끄럽게 만들었어. 그다음에 시간과 거리를 어떻게 측정할까 고민했어. 당시에는 스

톱워치와 같은 정밀한 시계가 없어서, 움직이는 물체가 일정 시간 동안 이동한 거리를 측정하기가 무척 어려웠지. 하지만 다행스럽게 갈릴레오는 음악가 아버지로부터 악기 다루는 법과 박자 감각을 훈련받았어. 그는 묘안을 생각해 냈어. 경사로를 악기로 만든 거야. 경사로의 가로 방향으로 류트 줄을 팽팽하게 걸어 놓고, 공을 굴려 줄을 통과할 때마다 소리가 나도록 장치했어.

딸각, 딸각, 공을 굴릴 때마다 경사로에서 소리가 났어. 류트 줄을 건드릴 때마다 나는 이 소리를 행진곡의 박자처럼 일정하게 맞췄어. 1초마다 소리가 나도록 줄의 위치를 조절한 거야. 줄의 위치에 A, B, C, D를 표시하고 나서 자를 이용해 간격을 측정했더니 놀라운 결과를 발견했어. 아래로 내려갈수록 간격이 기하급수적으로 증가한 거야. 갈릴레오는 다음 두 개의 표와 같은 결과를 얻을 수 있었어.

실험 결과, 공은 1초가 지나면 1^2인치, 2초가 지나면 2^2인치, 3초가 지나면 3^2인치, 4초가 지나면 4^2인치를 굴러갔어. 경사로의 각도를 더 키워서 실험을 해도 마찬가지였어. 경사각이 커지면 공의 속도가 빨려져서 시간 간격이 짧아졌지만 거리는 여전히 1, 4, 9, 16, 25로 증가했어. 갈릴레오는 경사각이 너무 커서 시간을 측정할 수 없을 때까지, 거의 자유 낙하 운동이 될 때까지 실험을 반복했단다. 그러고는 자유 낙하 운동에 일정한 법칙이 있다는 것을 알았어. 시간에 따라 속도가 점점 빨라지는 '가속 운동'을 한다는 거야.

	시간(초)	거리(인치)
출발점에서 A까지	1	1
A에서 B까지	1	3
B에서 C까지	1	5
C에서 D까지	1	7
D에서 E까지	1	9

	시간(초)	거리(인치)
출발점에서 A까지	1	1
출발점에서 B까지	2	4
출발점에서 C까지	3	9
출발점에서 D까지	4	16
출발점에서 E까지	5	25

　　갈릴레오는 이것을 공식으로 만들었어. '구르는 공의 거리 s
는 시간 t의 제곱에 비례한다.' 수식으로 나타내면 $s = At^2$이지. 여기
서 A는 거리와 시간을 연결해 주는 상수로서 비탈길의 경사각에
따라 달라지는 값이야. 이 공식은 아주 대단한 의미를 가지고 있
어. 물체의 운동을 수학적으로 나타낸 최초의 공식이거든. 갈릴레
오는 이것을 발견하기까지 거의 10년을 연구에 매달렸어. 지금 우
리가 볼 때는 단순하지만 진정한 물리학의 시작이었던 거야.
　　물체가 아래로 낙하하고 대포알이 포물선을 그리고, 진자

가 규칙적으로 흔들리는 것은 모두 중력 때문이야. 공을 위로 던져 보자. 하늘을 향해 던져진 공은 포물선 궤도를 그려. 공중으로 올라갈수록 점점 속도가 느려지다가 최고점에 도달했을 때 일시적으로 정지 상태가 되고, 다시 아래로 떨어지면서 속도가 점점 빨라져. 공의 위치에 상관없이 중력이 공을 아래쪽으로 잡아당기고 있어서야.

공이나 대포알이나 공중으로 던져진 투사체는 똑같은 궤적을 그리면서 날아가. 갈릴레오가 이것을 처음으로 발견했어. 그는 투사체의 운동을 수평 운동과 수직 운동으로 나눠서 설명했지. 수평 운동은 관성의 법칙에 따라 일정한 속도를 지닌 등속 운동을 해. 처음에 작용한 추진력의 속도를 그대로 유지하지. 반면 수직 운동은 자유 낙하 운동이므로 가속 운동을 해. 이 두 가지 운동을 결합하면 바로 포물선의 궤적이 나오는 거야.

수직 운동과 수평 운동이 나왔으니, 같은 높이에서 자유 낙하 운동과 수평으로 던진 물체의 운동을 비교해 보자. 중력을 설명할 때 교과서에 자주 나오는 문제야. 누군가 수평으로 총을 발사했다고 상상해 봐. 이와 동시에 누군가 총 쏘는 사람 옆에서 총알을 바닥에 떨어뜨렸다고 하자. 그러면 총에서 발사된 총알은 수백 미터 날아갔을 거야. 그리고 아무 힘없이 낙하한 총알은 바로 발밑에 떨어졌겠지. 아마 두 총알의 거리는 엄청 떨어져 있을 거야.

두 총알 중에 어떤 총알이 먼저 땅에 닿았을까? 총에서 발사한 총알이 먼저 땅에 떨어질 것 같지만 사실은 그렇지 않아. 놀

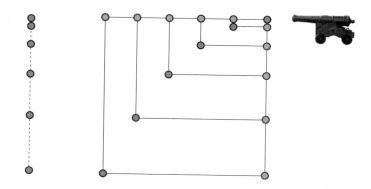

아래로 떨어뜨린 공과 대포에서 쏜 공은 동시에 떨어진다. 수평 운동과 수직 운동이 서로 영향을 미치지 않기 때문이다

랍게도 이 둘은 정확히 동시에 땅에 떨어져. 수직 운동과 수평 운동이 서로 독립적으로 일어나기 때문이지. 총에서 발사된 총알은 수직 운동과 수평 운동으로 나눠 볼 수 있어. 수평 운동은 등속 운동을 하고, 수직 운동은 등가속도 운동을 해 두 운동이 결합해서 포물선 궤도를 그려. 하지만 수평 운동이 수직 운동에 어떤 힘도 미치지 않아. 수직 운동은 자유 낙하 운동과 똑같이 같은 시각에 같은 위치를 지나게 되는 거야.

갈릴레오가 발견한 자유 낙하 운동을 더 깊이 이해한 과학자는 뉴턴이었어. 그는 지금 보고 있는 수평 방향으로 던져진 운동을 확장해 보았어. 뉴턴은 책 『프린키피아』를 쓰면서 대기권 아주 높은 곳에서 대포알을 수평으로 발사했다고 상상했어. 처음에 몇

발은 바다에 떨어지고 말 거야. 그런데 대포를 더 크고 강력하게 만들어서 쏘면 땅에 닿지 않고 지구를 한 바퀴 돌아서 제자리로 돌아올 것이라고 예측했어.

왜일까? 대포알은 자유 낙하 운동을 해. 아래로 계속 떨어지고 있어. 그런데도 땅에 닿지 않고 계속 지구 주위를 돌고 있어. 그것은 대포알이 떨어지는 거리만큼 지구도 같은 비율로 아래로 휘어지기 때문이야. 지구는 둥글고 지표면은 굽어져 있어. 대포알은 지구를 감아 돌면서 떨어지고 있는 거야. 이러한 대포알이 바로 달이고 인공위성이야. 뉴턴은 『프린키피아』에서 달의 운동을 이렇게 설명했어. '망원경으로 보니 달은 거대한 암석 행성, 돌덩이일 뿐이지. 그렇다면 달은 왜 다른 돌처럼 떨어지지 않는 것일까?'

뉴턴이 내놓은 답은 갈릴레오의 자유 낙하 운동이었어. 지구에서 돌이 떨어지는 것처럼 달도 실제로는 계속 떨어지고 있는 거야. 그런데 달은 대포알에 비교하자면 처음에 쏜 힘이 아주 커서 지구 궤도를 계속 돌고 있어. 오늘날 우리도 이런 방식으로 인공위성을 쏘아 올리는 거야. 인공위성 역시 중력의 작용으로 계속 떨어지면서 돌고 있단다.

3. 나는 가설을 만들지 않는다

눈만 뜨면 그 생각뿐이었으니까

뉴턴은 케임브리지 대학을 졸업한 해인 1665년에 흑사병을 피해 링컨셔주에 있는 울즈소프라는 고향 마을로 갔어. 이때 중력의 법칙, 운동 방정식, 광학, 미적분학에 관한 모든 아이디어를 얻었다고 해. 그 후 『프린키피아』가 출간되기까지 20여 년 동안 오직 연구만 했어. 케임브리지 대학 연구실에서 그를 본 사람들은 한결같이 이렇게 말했어.

"뉴턴은 항상 진지하고 신중한 자세로 연구에 몰입했다. 한 번 집중하면 밥 먹는 것조차 잊어버릴 정도였다. 사실 나는 그가 식사하는 모습을 거의 본 적이 없다.", "아주 가끔은 교수 식당에 가겠다며 자리를 뜰 때도 있었는데, 그마저도 밖으로 나갔다가 방금 전 계산이 틀렸음을 깨닫고 연구실로 황급히 돌아오기 일쑤였다.", "머리속에 새로운 아이디어가 떠오르면 책상으로 달려가 그냥 선 채로 연구 노트에 무언가를 휘갈기곤 했다. 그에게는 의자를 당겨 앉는 것조차 시간 낭비였다."

한번은 누가 뉴턴에게 직접 물어보았다고 해. "어떻게 중력의 법칙을 발견할 수 있었죠? 이토록 획기적인 생각을 어떻게 증명할 수 있었나요?" 뉴턴의 대답은 "눈만 뜨면 그 생각뿐이었으니까, 그것만 생각하고 또 생각했으니까."였어. 밥 먹는 것도 잠 자는 것도 잊고 오직 그 생각만 했다는 거야.

과학을 알고 싶으면 뉴턴이 한 일을 공부하면 된다는 말이 있어. 뉴턴의 한 일이 뭐냐고? 뉴턴의 위대함은 그가 쓴 책 『프린키피아: 자연철학의 수학적 원리』(*The Principia: Mathematical Principles of Natural Philosophy*)에 모두 담겨 있어. 이 책 제목에 나타나 있듯이 뉴턴은 세상이 돌아가는 근본적인 '원리'를 밝혔어. 그런데 그냥 원리가 아니고 '수학적 원리'였어. 그는 평소에 "나의 바람은 자연의 모든 현상을 동일한 수준의 수학적 원리로 유도하는 것이다."라고 말했어.

사과가 왜 땅에 떨어지는가? 달은 왜 지구를 도는가? 두 문제가 전혀 연관이 없는 것 같지만 답은 하나의 원리로 설명할 수 있어. 바로 '중력'이야. 그런데 당시 사람들에게 중력은 완전히 새로운 개념이었어. 어제는 없던 것이 오늘 나타난 것처럼 갑자기 중력이 있다고 하니까 어리벙벙할 수밖에. "우주에 힘이 작용한다고? 하늘이나 땅 모든 곳에게 미치는 힘이 있다는 것을 믿을 수가 없어! 눈에 보이지도 않고 손으로 만질 수도 없잖아." 사람들은 지구라는 거대한 돌덩이가 움직인다는 것도 인정하기 힘들었는데 그 돌덩이를 움직이는 힘이 있다는 사실에 경악했지.

　　뉴턴은 운동과 힘을 이해하지 않고서는 태양계를 제대로 파악할 수 없다고 생각했어. 코페르니쿠스의 지동설을 입증하려면 운동에 관한 역학이 뒷받침이 되어야 해. 역학이 없는 우주론도 아무 소용이 없어. 뉴턴은 『프린키피아』에서 궁극적으로 중력이라는 힘이 작용한다는 것을 밝히려고 한 거야. 그 힘의 작용으로 태양계의 행성 궤도가 정해졌다고 말이지. 그럼 중력의 존재를 어떻게 밝혔을까? 수학이야. 수학이라고? 의아하겠지만 수학이 없으면 중력의 법칙도 없고, 중력의 존재도 알 수 없어.

　　뉴턴은 "조물주가 한 일이라곤 우주라는 거대한 시계를 만든 후 태엽을 감아 놓은 것뿐이다."라고 말하곤 했어. 우주가 시계처럼 움직인다고 생각한 거야. 시곗 바늘이 천천히 도는 것은 안에 있는 톱니바퀴의 운동 때문이지. 마찬가지로 우리 주변의 모든 자연 현상은 그 배후에 작용하는 몇 가지 운동 법칙이 있어. 뉴턴은 우주를 계산 가능한 공간으로 바꾸고, 우주에서 일어나는 운동을 수학 법칙으로 나타냈어. 그러면 우주의 운동을 수학적으로 계산

우주는 계산 가능하다

우리 주변의 모든 자연 현상은 몇 가지 운동 법칙으로 움직인다.
뉴턴은 우주가 작동하는 근본적인 힘 가운데 하나인
중력의 원리를 수학적으로 밝혀냈다.

하고 예측할 수 있잖아.

뉴턴의 운동 법칙

『프린키피아』는 이러한 수학적 계산과 증명으로 가득한데 그 구성이 독특해. 먼저 기본 개념을 정의하고 새로운 법칙들을 증명하는 방식으로 되어 있어. 물질(matter), 질량(mass), 힘(force)과 같은 새로운 물리적 개념이 등장해. 우리가 오늘날 과학 교과서에서 배우는 물질과 운동 법칙을 뉴턴이 처음으로 제시한 거야. 몇 가지 예를 살펴볼까? 왜 과학이 물질적이고 기계적인 관점에서 세계를 본다고 하는지 알 수 있을 거야.

> **정의 1** 물질의 양이란 그것의 밀도와 부피를 서로 곱한 것으로 측정된다.
> **정의 2** 운동의 양이란 속도와 물질의 양을 곱한 것으로 측정된다.
> **정의 3** 물질 고유의 힘이란 정지해 있거나 등속 직선 운동을 하는 모든 물체가 가능한 한 그 상태를 계속 유지하려는 저항력이다.

정의 1과 2에 물질의 양은 질량, 운동의 양은 운동량을 나타

112

내. 운동량이 속도와 질량의 곱이라는 말은 운동량이 속도가 클수록, 질량이 클수록 커진다는 거야. 학교 복도에서 뛰다가 친구들과 부딪혀 보면 운동량이 뭔지 알 수 있지. 덩치 큰 친구가 빠르게 달려와 부딪히면 더 아픈데 그것이 운동량이야. 친구와 부딪혀 휘청하면서 뒤로 밀린 경험이 있잖아? 뉴턴은 힘을 '한 물체가 다른 물체를 밀고 나가는 것'이라고 했어. 물체의 운동 상태를 변화시키는 것이 힘이라고 했는데 이게 아주 중요한 개념이야.

정의 3은 뉴턴의 제1법칙인 관성의 법칙이야. 앞서 갈릴레오가 발견한 그 '관성'이지. 갈릴레오는 움직이는 물체가 현재의 운동 상태를 계속 유지하려는 성질을 이해하기 위해 관성이라는 개념을 도입했잖아. 구르는 돌은 계속 굴러가려고 하고, 회전하는 행성은 계속 회전하려 하며, 책상 위의 책은 가만히 있으려고 해. 그래서 운동 상태를 바꾸려면 힘이 필요해. 구르는 돌에 힘을 가해야 멈출 수 있고, 가만히 있는 책은 밀어야 움직일 수 있어.

뉴턴의 제2법칙은 질량과 가속도의 곱으로 힘을 정의했어 ($F=ma$, $a=F/m$, F:힘, m:질량, a:가속도). 힘이 크면 클수록 가속도가 커지고, 질량이 커지면 가속도는 작아진다는 거야. 야구 경기를 보면 알 수 있지. 야구 선수가 힘껏 공을 던지면 공이 빨리 날아가겠지. 공의 속도는 전광판에서 시속 몇 킬로미터라고 알려 주잖아. 우리는 그것을 보고 힘과 가속도의 세기를 정확히 판단할 수 있어. 만약에 투수가 무거운 쇠공을 던지면 멀리 날아가지 못할 거야. 질량

이 커지면 가속도는 작아지니까.

　　질량은 물체의 고유한 성질로서 물체가 힘에 반응하는 정도에 따라 다른 값을 가지는 거야. 질량이 다른 물체에 똑같은 힘을 가하면 반응(가속도)이 다르게 나타날 테고, 질량이 큰 물체일수록 외부 반응에 덜 움직이니까. 질량은 물체가 힘에 반응하는 정도, 즉 관성의 척도라고 할 수 있어.

　　F=ma를 보면 질량과 가속도, 힘이 서로 연결된다는 것을 알 수 있어. 질량은 힘과 가속도에 의해 정의되고, 가속도는 힘과 질량의 크기로 알 수 있어. 힘은 질량과 가속도를 알면 구할 수 있지. 바로 이런 것이 수학적 관계식이야. 가속도, 질량, 힘은 상호 의

존적인 관계 속에서 자신의 존재를 드러내. 가속도, 질량, 힘을 각각 떼어 놓고는 설명할 수 없고, 어떤 의미도 도출할 수 없단다.

이렇게 뉴턴이 운동 법칙을 수학적 관계식으로 나타낸 것은 엄청난 지적 성취야. 수식이 나오면 다들 골치 아프다고 하는데 사실 수식은 복잡한 것을 간단하게, 어려운 것을 쉽게 표현한 거야. $F=ma$만 보더라도 '힘은 가속도'라는 것을 쉽게 이해할 수 있잖아. 질량이 힘에 반응하는 정도니까 무거우면 힘이 많이 든다는 것도 알 수 있고.

좌표계, 변화율, 미적분학

수학은 갈릴레오 이후에 과학의 언어로 확고하게 자리 잡았어. 현실을 추상화한 수학은 군더더기가 없는 진리를 보여 주는 수단이거든. 지도는 실제 땅은 아니잖아. 지도에 자연의 생동감은 없지만 산과 강의 추상적 표식은 탐험가에게 길을 안내해. 마치 지도처럼 수학 법칙도 실제의 복잡한 현상들을 명료하게 보여 줄 수 있어.

철학자 데카르트는 좌표계를 만들어 수학에 큰 업적을 남겼어. 그는 x축, y축의 좌표계에 공간의 위치와 변화 양상을 나타냈어. 어떻게? 모든 도형은 점들의 집합이잖아. 그 점을 (x,y)와 같이 수들의 순서쌍으로 나타내고, 직교 좌표축이 그어진 격자무늬의 그래프용지에 표시했어. 또한 직선, 원 등의 모든 도형을 수와

미지수로 된 방정식으로 표현했지. 도형의 기하학을 숫자의 대수학으로 치환한 거야.

철학자 존 스튜어트 밀은 데카르트의 좌표계를 "엄밀한 과학의 발전 과정에서 가장 위대한 도약"이라고 말했어. 움직이는 물체가 그리는 곡선을 방정식으로 나타낼 수 있게 되었거든. 예를 들어 갈릴레오가 발견한 투사체의 운동을 보자. 포물선의 궤도는 움직이는 점들을 따라서 그리면 $y=ax^2+bx+c$라는 2차 방정식 형태의 그래프가 돼. 그렇다면 이 방정식들을 풀어서 사물의 변화를 예측할 수 있어. 일일이 그림을 그리는 기하학보다 수식을 쓰는 대수학이 훨씬 다루기 편하니까.

우리는 $y=ax^2+bx+c$의 2차 방정식과 같은 수식을 함수라고 불러. 함수는 쉽게 말해 X에 따라 Y가 변화하는 규칙을 찾아내서 정식화한 거야. X와 Y를 연결하는 규칙을 f('기능'을 뜻하는 function의 앞글자)로 표현해서 $f(x)=y$로 나타낸 거지. 갈릴레오의 자유낙하법칙 $s=At^2$은 f(시간)=거리로 표현한 함수야. 이 관계식에서 물체의 이동 거리(s)가 시간(t)에 따라 달라진다는 것을 알 수 있어. 이렇게 함수는 변화의 규칙이기 때문에, 함수를 분석하는 것은 변화를 이해하는 것을 의미해. 갈릴레오가 발견한 $s=At^2$과 같이 운동을 함수 관계식으로 나타냄으로써 우리는 변화를 한눈에 이해할 수 있게 되었어.

그런데 운동을 수학적으로 기술하는 데 발목을 붙잡는 문제가 있었어. '제논의 역설'이라는 고대 그리스 시대부터 내려오던 문제였어. 제논은 날아가는 화살을 보고 이런 말을 했어. "날아가는 것처럼 보이지만 사실은 꼼짝도 하지 않고 있는 거야!" 말이 안 되는 것 같지만 그의 논리에 타당성이 있었어. 날아가는 화살은 가장 짧은 순간, 가장 짧은 거리를 통과해서 과녁에 꽂히지. 이 화살은 매 순간 어떤 장소를 차지하고 있어. 장소를 차지한다는 것은 그곳에 정지해 있다는 것을 뜻해. 그래서 화살은 움직이는 것이 아니라 매 순간 정지 상태에 있다고 한 거야.

이 제논의 역설을 2000년 동안 풀지 못했어. 그리스의 자연철학자들은 제논의 역설 때문에 운동을 수학적으로 풀어 낼 엄두를 못 냈지. 이 문제를 해결한 사람이 바로 뉴턴이야. 좌표계에서 표시되는 포물선은 분명 대포알의 운동을 보여 주고 있어. 이때 포물선은 작은 점들이 모여 이뤄졌지. 그런데 점들은 단지 공간(위치)만 차지하고 있는 것이 아니었어. 점 안에는 이미 운동이 들어가 있다는 것을 뉴턴은 간파했어. 운동에는 근원적으로 힘과 방향을 갖는 속도가 있다는 것을 말이야.

뉴턴은 벡터(vector)와 스칼라(scalar)의 개념을 창안해서 '방향성 있는 물리량'을 표시했어. 예를 들어 $\vec{F}=m\vec{a}$에서와 같이 F와 a위에 화살표를 표시했지. 이렇게 힘과 속도, 가속도는 '방향성을 가진 물리량'을 뜻하는 '벡터'라고 해. 그리고 질량과 온도, 부피 등 방향성이 없는 물리량을 '스칼라'라고 하고. 운동하는 물체는 단

한순간도 멈추지 않고 매 순간 움직이고 있다는 것을 이렇게 수학적으로 나타낸 거야.

더 나아가 뉴턴은 매 순간, 운동이 일어나는 한 점에서의 순간 속도를 계산하는 법을 찾아냈어. 어떤 물체가 빠르게 움직였다가 다시 천천히 움직인다면 시간에 따른 위치의 변화, 즉 속도가 달라져. 이럴 때 시간을 잘게 쪼개서 매 순간 달라지는 위치 변화를 계산하면 이것이 순간 속도가 되는 거야. 속도란 위치의 변화가 얼마나 빨리 일어나는지를 알려 주는 '변화율'이라고 할 수 있어.

$$변화율 = \frac{s변화량}{t변화량} = \frac{\Delta s}{\Delta t}$$

(Δ는 '차이'를 의미하는 Difference의 앞글자 D의 그리스 문자)

지구와 달, 화성 등의 행성 궤도는 관측 자료를 통해 알 수 있어. 365일 동안 태양 주위를 한 바퀴 도는 지구의 운동에서 우리는 시간과 위치를 알 수 있고, 그러면 시간과 위치의 변화를 나눠서 변화율을 구할 수가 있지. 속도는 시간에 따른 위치의 변화율이야. 이 속도를 가지고 다시 변화율을 구하면, 시간에 따른 속도의 변화율은 가속도야. 즉, 가속도는 변화율의 변화율이지. 이렇게 순간 변화율을 구하는 것이 바로 미적분학이야.

돌이 떨어질 때 다음의 표와 같이 시간에 따라 위치가 변하

시간(초)	위치(미터)	속도(초당 미터)	가속도 (초당 초속 미터)
1	4.9	9.8	9.8
2	19.6	19.6	9.8
3	44.1	29.4	9.8

고, 속도가 변하지. 그런데 가속도는 변하지 않아. 돌이 1초 동안 떨어지든, 10초 동안 떨어지든 가속도는 언제나 똑같아. 가속도는 시간에 무관하게 일정하다는 거야. 갈릴레오가 자유 낙하 운동이 등가속도 운동이라는 것을 밝히기 전까지 가속도는 우리의 감각으로 알아챌 수 없었어. 거리(위치)는 줄자로 잴 수 있지만 거리의 변화율의 변화율인 가속도는 잴 수 없잖아. 그런데 뉴턴의 미적분학으로 가속도를 계산할 수 있었어. 미적분학은 자연의 감추어진 비밀을 찾아 주는, 효과적인 도구였어. 그 덕분에 가속도가 우주의 근본적인 물리량이라는 것을 발견할 수 있었단다.

왜 부등속 타원 운동을 하는 거지?

1684년 1월의 어느 날 로버트 훅, 크리스토퍼 렌, 에드먼드 핼리는 런던 왕립학회 회의를 마친 후 커피하우스에서 담소를 나누고 있었어. 이들의 관심사는 케플러의 법칙이었지. 케플러가 1609년 『새로운 천문학』에 밝힌 사실은 과학자들 사이에서 의문

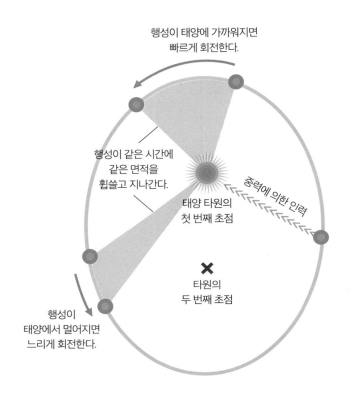

행성이 태양에 가까워지면
빠르게 회전한다.

행성이 같은 시간에
같은 면적을
휩쓸고 지나간다.

중력에 의한 인력

태양 타원의
첫 번째 초점

✕
타원의
두 번째 초점

행성이
태양에서 멀어지면
느리게 회전한다.

거리였어. 태양계의 행성들은 등속 원운동을 할 것이라는 예상에
서 벗어나 '부등속 타원 운동'을 하고 있었거든. 태양을 초점으로
타원 궤도를 돌면서 태양에 가까워질수록 빨라지고, 멀어질수록
느리게 움직이고 있었어. 이것을 케플러의 제1법칙(타원 궤도), 제
2법칙(부등속 운동)이라고 해.

　　그러면 왜 부등속 타원 운동일까? 등속 원운동도 아니고 찌
그러진 타원 궤도에 속도가 다른 이유가 무엇일까? 도대체 부등속

타원 운동을 하는 힘은 어디서 나온 것일까? 케플러는 제3법칙에서 어떤 실마리를 찾을 수 있었어. 제3법칙은 행성들이 태양을 한 번 도는 데 걸리는 시간, 공전 주기가 태양에 가까울수록 짧아진다는 거야(태양으로부터 각 행성까지의 평균 거리의 세제곱은 각 행성의 공전 주기의 제곱에 비례한다). 행성들의 공전 주기는 태양에서 얼마나 멀리 떨어져 있는가에 달려 있었어. 행성들이 태양에 멀리 있을수록 더 느리게 움직인다는 거지. 그래서 케플러는 태양에서 자기력과 같은 힘이 나와서 행성들을 움직인다고 생각했어. 멀리 떨어져 있을수록 행성들을 움직이는 힘이 줄어드니까. 하지만 이 가설은 과학자들 사이에서 받아들여지지 않았어.

수십 년이 지나도록 케플러의 법칙은 의문에 쌓여 있었지. 왜 부등속 타원 운동을 하는지에 대해서는 아무도 몰랐어. 과학자들은 태양과 행성들 사이에 힘이 작용한다면 그 힘의 크기가 거리와 상관있을 것이라고 추측할 뿐이었지. 이렇게 유추해 볼 수 있어. 방 안 가운데에 빛을 하나 놓았다고 하자. 1미터 단위 면적에서 나온 불빛이 2미터보다는 4배 강하고, 3미터보다는 9배 강해. 빛을 받는 영역이 반경을 넓혀 갈수록 빛이 더 넓은 면적으로 분산되기 때문에 빛의 세기는 거리의 제곱만큼 약해질 거야. 이러한 추론에서 거리의 제곱에 반비례한다는 역제곱의 법칙이 나왔어. 부등속 타원 운동과 역제곱 법칙이 관계가 있을 것이라고 생각했지.

런던에서 로버트 훅, 크리스토퍼 렌, 에드먼드 핼리가 궁금

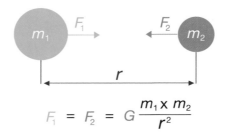

$$F_1 = F_2 = G \frac{m_1 \times m_2}{r^2}$$

했던 것이 바로 이 문제였어. 추론은 할 수 있는데 증명을 할 수 없었던 거야. 세 사람은 내기를 걸었어. 크리스토퍼 랜이 40실링의 상금(오늘날로 치자면 우리 돈 약 400만 원)을 내놓고 두 달 안에 답을 찾는 사람에게 주기로 했단다. 두 달이 훌쩍 지나도 큰소리치던 로버트 훅에게서 아무런 소식이 들려오지 않았지. 핼리는 궁금증을 견디다 못해 뉴턴을 찾아갔어.

　1684년 8월 핼리는 케임브리지 대학을 방문해서 뉴턴에게 직접 질문했어. 태양에 역제곱 법칙의 힘이 작용하면 행성이 어떤 궤도를 돌겠냐고 말이야. 뉴턴이 단번에 '타원'이라고 대답했어. 핼리는 뉴턴의 자신 있는 대답에 너무나 놀라서 다시 물었어. "행성들이 어떤 궤도를 돈다고요? 그걸 어떻게 아셨습니까?" 그러자 뉴턴은 "행성의 운동에 중력 법칙을 적용하면 타원 궤도가 자연스럽게 얻어집니다. 내가 20년 전부터 행성의 궤도를 관측하면서 중력의 법칙에 따르는지 계산해 봤으니까요."라고 하는 것이 아닌가!

　뉴턴이 제시한 중력은 물체 사이에 끌어당기는 힘이야. 그 힘의 크기는 두 물체의 질량의 곱에 비례하고, 거리의 제곱에 반비례해. 뉴턴의 중력 법칙은 위와 같이 역제곱 법칙이지.

핼리가 계산한 것을 보여 달라고 했더니 뉴턴은 주섬주섬 종이 뭉치를 찾다가 없다며 다시 계산해서 보내 주겠다고 했어. 핼리는 뉴턴의 약속을 받고 신바람이 나서 돌아왔지.

석 달이 지난 후 뉴턴은 「궤도를 따라 움직이는 물체의 운동에 관하여」라는 논문을 핼리에게 보냈어. 이 논문을 받자마자 핼리는 케임브리지 대학으로 달려갔지. 이 놀라운 발견을 세상에 내놓아야 한다는 생각에 뉴턴을 설득했어. 그렇게 해서 『프린키피아』가 세상의 빛을 보게 된 거야. 철두철미한 성격의 뉴턴은 꼬박 2년을 매달렸어. 1687년 왕립학회의 공식 후원을 받고 총 세 권의 『프린키피아』가 출간되었지.

뉴턴은 이 책에서 중력의 법칙과 케플러의 관측 결과가 딱 들어맞는다는 것을 수학적으로 증명했단다. 그럼으로써 우주에 중력이라는 힘이 있다는 것을 확실하게 밝힌 거야.

왜 과학은 믿을 만한 지식인가?

뉴턴은 빛에 관한 연구도 했어. 20대에 처음으로 논문을 발표한 것도 광학이었지. 그는 빛을 가지고 별의별 실험을 다 했어. 태양 빛을 너무 오래 쳐다봐서 눈이 멀 뻔했고, 근육의 움직임을 알아보려고 바늘로 자신의 눈을 깊숙이 찌르기도 했어. 마침내 프리즘을 이용해서 빛이 무색광이 아니라 혼합광이라는 것을 밝혔지. 태양에서 나오는 빛은 우리 눈에 하얗게 보이지만 그 흰빛은 여러 색의 파장이 모여 있는 거였지. 뉴턴은 이렇게 빛을 연구하면서 반사 망원경까지 만들었어.

반사 망원경은 렌즈에 색이 번지는 현상을 막으려고 렌즈를 거울로 바꾼 망원경이야. 뉴턴은 반사 망원경에 사용된 평면 반사 거울과 오목 거울도 직접 합금해서 만들었어. 사람들이 신기해서 그 도구들을 어디에서 구했는지 물으면 뉴턴은 모든 것을 자신이 만들었다고 말했지. 그러고는 "만약에 내가 계속 다른 사람들이 나를 위해 내 도구와 물건들을 만들게 두었다면 나는 어떤 것도 해내지 못했을 것"이라고 덧붙였어.

뉴턴은 실험 장치를 만들었을 뿐만 아니라 중력 이론을 창안했어. 흔히 중력의 법칙을 '발견'했다고 말하지만, 뉴턴의 운동 법칙과 중력은 완전히 새로운 창작물이라고 볼 수 있어. 물질, 질량, 힘과 같은 물리적 개념을 정의하고 수학 공식을 만든 거니까. 나아가 뉴턴은 실험과 수학으로 자신의 이론을 검증하는 방식까지 제안했어. 『프린키피아』 이후에 쓴 『광학』에서는 마지막 부분에 31개의 '질문들'을 실었어. 빛, 열, 소리, 전기, 자기 등 앞으로 연구해야 할 주제들을 모아 놓은 거야. 이렇게 뉴턴은 과학이 어떤 대상을 다루고 어떤 방식으로 연구해야 하는지를 보여 주었어.

사람들이 중력의 존재를 의심하고, 중력의 원인이 무엇인지를 캐물을 때, 뉴턴은 "나는 가설을 만들지 않는다."고 당당히 말했어.

나는 중력으로 우주와 우리 바다의 현상을 설명했지만, 중력의 원인을 아직 지정하지 않았다. (……) 나는 지금까지 중력의 이러한 성질들의 원인을 실제의 현상으로부터 발견할 수 없었다. 그리고 나는 가설을 만들지 않는다. 그 이유는 실제로 현상에서부터 꺼낼 수 없는 것들을 가설이라고 부르기 때문이다. 그리고 가설은 형이상학적이거나 물질적이거나, 또한 신비한 성격이거나 기계적이거나, 실험 철학에서는 설 자리가 없기 때문이다.

뉴턴은 중력의 원인이 뭔지 모른다는 것을 솔직히 인정하고, 확실하게 실험적으로 검증할 수 없는 것은 다루지 않겠다는 뜻을 밝혔어. 여기에서 가설은 형이상학, 즉 철학을 말하는 거야. 뉴턴은 철학에 대해 비판적이었지. 세상에서 믿을 만한 지식은 철학이 아니라 과학이라고 생각했어. 철학은 주장이라서 거짓일 수 있지만 과학은 사실이라서 진짜라는 거야. 과학은 수학이나 실험으로 검증할 수 있는 지식이니까. 망원경으로 직접 관찰하고, 수학으로 계산해서 그 이론이 옳고 틀린지를 확인할 수 있잖아.

이렇게 과학은 검증 가능하고 믿을 만한 지식이 되었어. 중력을 눈으로는 볼 수 없지만 행성의 운동을 관찰한 데이터를 가지고 추론해서 중력의 존재를 입증할 수 있었지. 뉴턴이 말하는 진리는 이러한 과학이었어.

그러나 처음부터 과학이 진리였던 것은 아니야. 과학도 문학이나 철학처럼 인간의 상상력에서 만들어진 거니까. 과학자들은 우리가 살고 있는 세계를 정확하게 알고 싶었어. 그래서 자연을 수학적 언어로 표현한 거야. 중력을 수학 법칙으로 나타내고 텅빈 공간에서 매개 없이 두 물체 사이에서 작용하는 힘이라고 상상했어. 사람들은 중력이 흥미롭긴 했으나 의아하게 생각했지. 지구와 달처럼 저 멀리 떨어진 물체 사이에 힘이 작용한다는 게 이상할 수밖에 없었거든. 이 과정에서 과학자들은 실험과 수학과 같은 과학적 방법론을 가지고 사람들을 설득한 거야. 모든 사람에게 알리기 위해 책을 출간하고 공개적으로 실험을 하기도 했지.

코페르니쿠스가 지동설을 내놓고 100년이 지난 후에 과학은 점차 사회적으로 인정을 받기 시작했어. 과학은 실재하는 세계를 반영하는 가장 객관적인 지식이라는 것이 널리 받아들여졌어.

근대 과학의 출현 과정에서 우리가 배워야 할 것은 과학이 생산되는 과정이야. 과학은 결과보다 과정에 더 주목해야 해. 과학은 지식을 모아 놓은 것이 아니라 생각하는 방법이니까. 앞서 그리스 과학에서도 보았듯이 과학은 끊임없이 비판받고 더 나은 이론으로 대체돼. 수많은 가설은 서로 경쟁하다가 검증된 이론만 채택되지. 이런 과학의 연구 프로그램을 만든 과학자가 바로 뉴턴이야.

4. 우주의 법칙이 중세의 위선을 벗기다

사과와 함께 일어선 인간의 자각

16, 17세기는 비정한 혼돈의 시대였어. 세상은 신의 것이었고, 특히 하늘은 신성한 공간이었어. 사람들은 신이 종교 전쟁과 전염병, 대화재로 지상의 많은 인간을 심판한다고 벌벌 떨었어.

신의 뜻을 알고자 애쓰는 신학자나 철학자들은 아리스토텔레스의 권위에 짓눌려 있었어. 지적 독단(도그마)이 횡행하고, 인간이 세계에 관해 확실한 지식(진리)을 알 수 없다는 회의주의가 퍼져나갔지. 교회의 권력자나 사회 지배층은 대중의 고통엔 아랑곳하지 않고 자기네 이권만 챙기는 데 여념이 없었어. 중세 시대에 기득권층은 신을 빙자해서 호의호식을 누리고 있었어. 이런 위선의 껍데기를 벗긴 것은 새로운 논리로 무장한 과학이었지.

뉴턴 과학의 출현은 사람들에게 진리의 빛을 안겨 주었어. 중력의 법칙으로 태양을 중심으로 지구와 행성들이 돌고 있는 태양계가 밝혀졌거든. 이 우주에서 우리가 어디에 서 있는지를 보게 된 거야. 지상계와 천상계의 경계는 없었어. 우주와 지구에는 똑같은 운동 법칙이 작동하고 있었지. 우주는 시계처럼 법칙에 따라 작동하고 예측 가능한 곳이었어. 사람들은 신의 장막을 거둬 내고 세상이 환하게 밝아지는 느낌을 받았던 거야.

자연과 자연 법칙은 어둠 속에 있었는데 뉴턴이 이 모든 것을 밝혔어. 뉴턴 과학을 안다는 것은 비로소 눈을 뜨고 세상의 진실을 마주한 것과 같았어. 18세기에 바이런은 이렇게 노래했어. "사람은 사과와 함께 떨어지고 사과와 함께 일어섰다."

사람은 사과와 함께 떨어지고, 사과와 함께 일어섰다.
우리는, 그때까지 밝혀지지 않은 별과 막혀 있는 길을 뚫고
아이작 뉴턴 경이 드러낸,
그런 방식으로 생각해야 한다.
그로 인해 상쇄되는 것들에 대해 사람들은 비통해한다.
그 이후 영원히, 불사의 인간이
온갖 종류의 기계들로 빛나고,
곧 등장한 증기 기관들은 그를 달로 인도한다.

바이런의 이 시에서 '사과와 함께 떨어진 것'은 중세적 사회 질서였어. 중세 유럽은 왕을 중심으로 사회가 돌아갔다. 신이 왕에게 권력을 주었다고 하는 왕권신수설이 이를 뒷받침했어. 그런데 뉴턴이 하늘의 신성한 권력을 깨부쉈던 거야. 뉴턴 과학에 의하면 하늘이나 땅이나 별반 다르지 않은 곳이니까. 왕은 하늘의 아들이 아니라 인간의 아들이었지. 왕의 권위는 땅에 떨어졌어. 교회 권력자들이 말했던 '존재의 대사슬'이나 왕권신수설이 모두 거짓이라는 것이 드러난 거야.

'사과와 함께 일어선 것'은 인간의 자각이었어. 신이 알려주지 않아도 인간 스스로 세계를 이해할 수 있고, 인간의 이성으로 진리를 발견하고 의미 있는 지식을 생산할 수 있다는 것을 깨닫게 된 거야. 우리가 운명의 주인이고, 얼마든지 운명을 개척해 나갈 수 있다는 것을 말이야. 이러한 자각과 각성이 사람들의 마음속에 활활 타올랐어. "아이작 뉴턴 경이 드러낸 그런 방식으로 생각해야 한다." 사람들은 뉴턴처럼 물질적이고 기계적인 관점으로 세계를 보기 시작했어. 진정 뉴턴 과학이 세상에 빛을 비춘 거야.

18세기는 빛의 세기였어. '빛을 비추다'라는 뜻의 계몽(enlightenment)의 시대였어. 독일의 철학자 칸트는 "나는 계몽의 시대에 살고 있다."고 말했어. 1784년에 그는 「'계몽이란 무엇인가'에 대한 답변」이라는 글에서 다음과 같은 슬로건을 내걸었지. "과감히 알려고 하라! 너 자신의 지성을 사용할 용기를 가져라." 칸트와 같은 철학자들은 과학이 발견한 진리에 감동했어. 이러한 과학적 사실을 '누구나' 배우고 깨우쳐야 한다고 강조했지.

계몽의 시대는 누구든지 진리를 알 수 있는 시대였어. 플라톤은 철학자들만 진리를 알 수 있다고 했는데 18세기는 모두가 진리를 터득할 수 있는 시대가 되었지. 물론 새로운 시대의 진리는 과학이었어. 과학은 기성 권위로부터 해방되어 아무런 편견 없이 옳은 것을 보여 줄 수 있으니까. 지구가 돌고 있고 중력이 작용한다는 사실은 신이나 왕의 권력에 의해 좌우될 수 없어. 이 사실로부터 '모든 사람은 평등하다'는 생각을 끌어낼 수 있었단다.

계몽 운동, 사실을 토대로 가치 판단하다

18세기에 과학을 배우자는 운동이 일어났어. 계몽사상가들은 과학을 통해 자신의 삶과 사회를 올바른 방향으로 바꾸고 싶었지. 먼저 사상가와 철학자들은 열렬히 뉴턴 과학을 공부했어. 그러고는 과학적 사고와 방법을 사회나 인간의 탐구에 적용하려고 했어. 인간의 본성은 무엇이고, 어떤 정치나 법제도가 인간에게 맞는 것인지를 다시 검토했지. 정치, 경제, 사회, 문화 등의 모든 문제에 과학적으로 접근해서 해결안을 찾으려고 했던 거야.

인간은 존엄하다! 만인은 법 앞에 평등하다! 인간은 자연권(국가나 법에 앞서 사람이 태어나면서 저절로 갖는 권리)을 가진 주체다!

이러한 인권 선언이 나오고 신분제와 교회의 지배 구조, 절대 군주제의 폐지를 외치는 목소리가 터져 나왔어. 정치사상가나 철학자들은 인권 선언이나 주권론에 입각해서 새로운 정치 제도를 요구했어. 인간이 더 이상 통치의 대상이 아니라 정치의 주체가 될 수 있음을 천명한 거야.

계몽주의는 시대정신이 되었어. 인간 스스로의 힘을 믿기 시작했어. 천국이나 저승이 아닌 이 땅에 더 살기 좋은 사회, 유토피아를 건설할 수 있다고 생각했지. 과학과 기술로 물질적 발전과 사회적 진보가 동시에 가능하다고 보았어.

계몽사상가들은 우선적으로 지식의 확산과 의식의 변화를 추진했어. 『프린키피아』와 같은 과학책을 번역해서 소개하고, 어려운 과학책을 쉽게 풀어서 대중에게 알렸어. 앎이 삶을 바꿀 것이라고 믿었던 거야. 그동안 교회나 절대 왕정이 얼마나 부조리하고 잘못된 이데올로기를 유포했는지 고발하기 시작했어. 비판적·합리적 사고를 바탕으로 인간의 존엄성과 자유를 억압하는 것들을 낱낱이 파헤쳤지.

대표적으로는 프랑스의 『백과전서』 발간 사업을 들 수 있어. 책 제목은 『백과전서 또는 과학, 예술, 기술에 관한 합리적 사전』이라는 긴 이름이었어. 과학과 기술을 바탕으로 지식을 체계화하는 것이라고 '서문'에서 밝히고 있었지만, 이 사업의 주된 목표는 과거 신 중심의 모든 사상을 타파하는 거였어. 그동안 초자연적

인간과 사회를 비춘 계몽의 빛

계몽사상가들은 과학적 사고와 방법의 영향으로
새롭게 사회와 인간을 탐구하기 시작했다.
『백과 전서』의 표지와 완간되기까지
26년 동안 『백과 전서』를 편집한 디드로.

세계관에 혁명을 가져온
과학의 발견에 경의를!

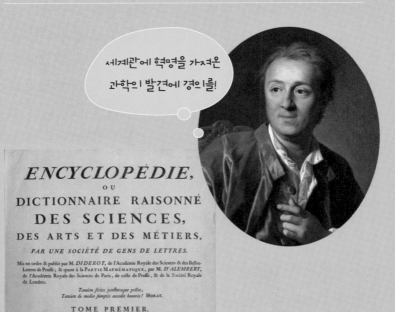

이고 종교적인 세계관을 맹목적으로 받아들인 것을 반성하고, 인간 중심의 새로운 근대적 가치관을 세우려고 한 거야.

1747년 10월 디드로(1713~1784)와 달랑베르가 주도해서 1751년에 제1권이 나왔단다. 『백과전서』의 집필에 참여한 대부분의 철학자들은 근대적 개혁을 지지했어. 이들은 프랑스 사회를 지배하고 있었던 절대 왕정과 가톨릭교회의 폭압 정치를 몰아내길 원했지. "군주의 권력 행사는 국가의 법에 의해 제한되어야 한다." 고 공공연히 주장했어. 그러니 봉건적 특권 계층인 정부 관료들이 이들을 그냥 놔둘 리 없었지. 1752년 2월 『백과전서』는 발행 금지를 당했어. 1759년 3월 국무위원회는 『백과전서』의 출판 허가를 취소했고. 이미 간행된 7권마저 배포와 인쇄 금지 조치를 취했어.

이렇게 『백과전서』에 대한 탄압은 지속되었으나 계몽 운동가들은 포기하지 않았어. 책이 완간되기까지 21년이나 걸렸어. 1772년에 본문책 17권과 도판책 11권으로 구성된 불멸의 역작이 세상에 나왔단다. 몽테스키외, 볼테르, 루소 등 신원이 확인된 집필자만 140여 명이 참여했어. 이들 '백과전서파'로 불리는 계몽 운동가 중에 26년 동안 『백과전서』를 지켜 낸 인물은 디드로였어. 서른세 살에 편집자를 맡아 쉰아홉이 될 때까지 불굴의 의지로 책을 완성했으니까.

'책의 승리'는 『백과전서』가 내세우는 표어였어. 책 제목만 봐도 알 수 있지만 백과전서의 중심에는 과학과 기술이 있었어. 계몽 사상가들은 18세기를 '위대한 과학의 세기'라고 불렀지. 이들은 과학의 발견에 경의를 표하고, 광대한 우주를 이해한 것에 최고의 행복감을 느꼈다고 말했어. 백과전서 편찬에 참여한 집필진은 체제 변혁을 주도하는 활동가로서 정부의 온갖 탄압을 받았어. 그럼에도 과학과 기술이라는 새로운 지식을 보급하는 데 크게 기여했어. 마침내 계몽 운동은 1789년 프랑스 혁명이라는 도도한 역사적 물결에 동참했단다.

이 장을 시작하면서 17세기 유럽 사람들은 자신들이 변혁의 시대에 산다는 것을 알지 못했다고 말했어. 그들은 심지어 과학을 조롱하고 비웃었지. 새롭다는 이유로 과학을 받아들이지 않고 낡은 세계관을 부여잡고 있었어. 그들은 '세상을 물질로 보는 관점'을 이해하지 못한 거야. 과학 혁명은 바로 세계관의 변화로부터 시작되었거든. 17, 18세기는 우주를 이루는 물질과 그 물질의 운동 법칙을 이해하면서 낡고 거짓된 세계관과 싸운 가슴 벅찬 시대였어.

앞으로 400~500년이 흘러 25세기에 21세기가 '변혁의 시대'였다고 역사가들이 말한다고 상상해 봐. 21세기가 인류에게 전환점이 된다면 과학이야말로 새 시대를 준비하는 사람에게 필수적인 지식일 거야.

III ～～～～ 에너지

에너지라는
과학적 개념에 대하여

에너지는 과학적 개념이지만 일상생활에서 널리는 쓰이는 친숙한 용어야. 우리 주변에서 에너지를 찾기는 어렵지 않아. 차를 달리게 하는 연료, 우리가 매일 먹는 밥, 댐에서 쏟아지는 물줄기에 에너지가 있어. 에너지의 종류도 엄청나게 많아. 전기 에너지, 열에너지. 빛 에너지, 운동 에너지 등이 있잖아. 세상에 눈으로 보이는 것은 거의 에너지로 설명할 수 있어. 연료와 음식, 강물의 흐름, 태양열, 압축된 스프링, 바람에 펄럭이는 깃발, 자석, 번개, 소리가 모두 에너지니까.

그러면 에너지는 무엇일까? 이렇게 에너지 그 자체가 무엇인지를 물으면 쉽게 대답하기가 힘들어. 에너지는 명확한 물질이 아니거든. 에너지는 모습을 드러내지 않아. 손에 잡히지도 않고, 볼 수도 없어. 꼭 유령처럼 나타났다 사라진 흔적만 남기는 것 같아. 오래전부터 '에너지'라는 개념은 있었어. 고대 그리스의 자연철학자들은 '변화를 일으키는 활동'이라는 뜻에서 그리스어로 '에네르게이아(energeia)라고 불렀지. 2000년 동안 잠자던 에너지를 불러낸 것은 18세기 산업 혁명기에 등장한 증기 기관이었어. 증기의 힘으로 움직이는 방적기나 기차를 보면서 사람들은 열이 역학적인 힘으로 변환되는 것을 알 수 있었지.

열의 정체는 무엇일까? 먼저 열이 물질인지, 아니면 물질의 성질인지를 밝히는 과정에서 열이 하는 일을 측정하게 되었어. 열과 역학적 일이 서로 변환되는 것을 보고 '열은 물질이 아니라 운동의 한 형태'라는 생각에 이르렀지. 그런데 열뿐만 아니라 전기와 자기도 역학적 힘으로 변환되는 거야. 이렇게 다른 종류의 힘이 서로 변환되고, 이 힘들을 통일적으로 설명할 수 있다는 생각에서 '에너지'의 개념이 출현했어.

마침내 과학자들은 에너지 보존 법칙을 발견했어. 에너지는 하나의 에너지에서 다른 에너지로 전환되는데 단순히 형태만 바뀔 뿐 새로 만들어지거나 없어지지 않아. 모든 에너지의 합은 보존되거든. 우리가 흔히 새로운 에너지원을 찾는다고 말하는데 사실 새로운 에너지는 만들어지는 것이 아니야. 원래 있었던 에너지의 형태를 바꾸거나 위치를 이동시켜서 활용하는 거지. 과학 교과서에서는 에너지와 환경의 문제를 비중 있게 다루고 있어. 우리 삶과 에너지는 직접적으로 연결되어 있으니까. 인간이야말로 에너지를 필요로 하는 생명체잖아. 인류는 자연에서 에너지를 이용해 살아왔고 문명을 일으켰지. 인류의 역사는 에너지 활용의 역사라고 할 수 있어. 과거나 지금이나, 또 앞으로도 에너지를 어디에서 얻고 어떻게 활용하는가는 아주 중요한 문제야.

오늘날 우리는 전기 에너지의 시대에 살고 있어. 과학자들이 전자기장에 에너지가 있고, 전자기파로 에너지가 전달된다는 것을 발견하지 않았다면 지금 우리가 누리는 인터넷 세상도 열리지 않았겠지. 에너지의 개념을 이해하고 나면 세상을 보는 눈이 달라질 거야. 예전에는 수도꼭지에서 따뜻한 물이 나오는 게 당연한 일이었겠지만 이제는 당연하지 않다는 것을 느끼게 돼. 따뜻한 물을 데우기 위해서 어디선가 에너지가 사용되었다는 것을 알고, 절약하는 마음이 생기지. 이렇게 에너지는 우리 일상생활에서도 의미 있는 과학적 개념이야.

1. 정보를 전달하는 전신기

세계를 잇는 연결망의 탄생

딱, 따악……."전쟁이 끝났습니다.", "잘 지내시는지요?", "제 책이 나왔습니다.", "보고 싶어요." 전신기에 연결된 자석 막대기를 두드리면 그것이 말이 되었어. 신호는 허공에 흩어지지 않고 먼 바다와 대륙을 건너서 사랑하는 사람에게 전달되었지. 전신기라는 작고 볼품없는 기계가 메시지를 주고받는 거야. 어떻게 이런 일이 가능한지, 사람들은 눈앞에서 보면서도 이해가 안 되었어.

정보 통신의 혁명을 일으킨 전신기는 아주 간단한 원리를 지닌 장치였어. 철심에 전선을 감은 전기 코일은 전자석이 돼. 전기를 통하면 일시적으로 자기력이 생기는 자석이 되는 거야. 이건 매우 유용했어. 스위치를 이용하면 전류를 흘렸다 끊을 수 있고, 자기력이 생겼다 없어졌다를 반복할 수 있거든.

1837년 새뮤얼 모스(1791~1872)는 이러한 전자석의 성질을 이용해서 신호를 주고받는 아이디어를 떠올렸어. 신호를 보내는 송신기와 신호를 받는 수신기를 전선으로 연결한 거지. 송신기에는 전류를 흘려보내는 스위치를 연결하고, 수신기에는 철판과 자석, 자석 달린 연필, 종이테이프를 달았어. 송신기의 스위치를 누르면 전기가 흘러나와 수신기의 전자석이 철판에 붙는 거야. 반대로 스위치를 떼면 수신기의 전자석이 철판에서 떨어졌지.

딱, 따악…… 짧고 길게 스위치를 누르는 강도에 따라 수신기의 종이테이프에는 점과 실선이 찍혔어. 모스는 점과 실선, 이 두 가지 부호로 알파벳과 숫자를 나타냈단다. 모스 부호 체계와 전신기의 발명은 곧 통신 수단으로 상업화되었어. 이 간단한 장치는 19세기 통신에 엄청난 변화를 가져왔어. 전깃줄만 연결하면 어디든, 아주 멀리 떨어져 있는 곳이라도 의사 전달을 할 수 있었거든. 그것도 불과 몇 초 만에 사람의 말을 전할 수 있게 된 거야.

1840년대는 영국과 미국에 철로를 따라 전신선이 가설되었어. 그 무렵에 전신으로 범죄자를 추적하는 사건이 일어났어. 영국에서 존 타웰이라는 약제사가 애인을 독살하고 기차를 타고 도망쳤던 거야. 경찰은 재빨리 그의 인상착의를 전신으로 알렸지. "퀘이커 복장에 커다란 갈색 외투를 걸친 남자가 살인 용의자임. 검거

바람." 이 메시지는 용의자가 목적지에 내리기도 전에 먼저 도착했어. 살인자는 기차역에서 기다리던 경찰에 체포되어 3개월 만에 교수형에 처해졌지. 드라마 같은 사건은 몇 달 동안이나 신문 지면을 채우고 사람들의 입에 오르내렸단다.

전신국에서는 이런 해프닝도 벌어졌어. 보통 전신국에 온 사람들은 메시지를 종이에 써서 전신수에게 주었어. 그러면 전신수가 메시지를 보내고 나서 그 종이를 고리에 걸어 두었지. 그런데 어떤 사람들은 그걸 보고 화를 냈어. "아직도 내 메시지를 보내지 않고 뭐하는 겁니까?" 당황한 전신수가 메시지를 보냈다고 말해도 사람들은 고리에 걸려 있는 종이를 가리키며 계속 항의했다는 거야. 메시지가 편지처럼 전해진다고 생각했던 모양이야.

이렇게 많은 사람들이 전신기의 작동 원리를 잘 몰랐어. 도시의 거리나 시골길에 전봇대와 전선이 늘어섰지만 전선 속에서 무슨 일이 벌어지는지는 상상조차 하지 못했지. 일반인들만 모르는 것이 아니었어. 과학자나 기술자들도 전자기 작용을 정확히 알지 못했어. 그렇지만 전신 사업은 나날이 번창했어. 누가 먼저 정보를 얻느냐가 전쟁이나 사업에 큰 영향을 미쳤거든. 바야흐로 제국주의 국가들의 식민지 쟁탈전이 한창이었던 때야. 산업 혁명과 자본주의의 활황기였고. 전쟁에 이기려면, 주식 투자에 성공하려면 전신이 꼭 필요했으니까.

영국과 프랑스는 도버 해협을 가로질러 해저 케이블을 설치하려고 했어. 과연 강이나 바닷 속에 전신 설비를 할 수 있을까? 가장 큰 난관은 물이었어. 물은 전기를 흡수해 버리거든. 세상에는 전기가 잘 흐르는 도체와 전기가 잘 흐르지 않는 절연체가 있어. 전선은 전기가 잘 흐르는 금속으로 만들었어. 구리나 철로 말이야. 그런데 전선이 물에 닿으면 전기가 다 빠져나가기 때문에 절연시키는 물질로 전선을 두껍게 감아야 해. 기술자들은 고무 비슷한 구타페르카라는 절연체를 찾아냈어. 이 절연체로 해저 케이블을 만들어 영국과 프랑스를 연결하는 데 성공했지.

이제 전신 케이블은 가지 못할 곳이 없었어. 강과 바다, 산을 가로질러 거미줄처럼 세계 곳곳을 뒤덮기 시작했어. 그런데 유럽 대륙과 미국을 연결하기에는 너무나 큰 장애물이 있었어. 바로 대서양이야. 단 한 줄의 전선으로 그 넓은 바다를 어떻게 연결할 수 있을까? 기술자나 과학자들은 불가능하다고 고개를 내저었어.

1858년 대서양 해저 케이블 설치

사이러스 필드(1819~1892)라는 뉴욕의 사업가가 대서양에 해저 케이블을 설치하겠다고 나섰어. 젊은 나이에 큰 재산을 모은 불타는 열정의 소유자였지. 그는 미국과 영국 정부에 탄원서를 올리고, 전신 관련 전문가들을 일일이 찾아다녔어. 돈을 조달하기 위해 뉴욕과 아일랜드에서 대대적인 캠페인을 벌이기도 했어. 영국에서 자본금 5만 3000파운드를 모아, 대망의 '전신망 건설 및 관리 회사'를 세웠단다.

대서양 해저 케이블 사업은 1856년부터 궤도에 올랐어. 먼저 엄청난 양의 해저 케이블을 생산했어. 자그마치 36만 7000마일이나 되는데 지구를 열세 바퀴나 감고도 남을 양이었어. 그런데 문제는 이 해저 케이블이 너무 크고 무거워서 실을 수 있는 배가 없었던 거야. 사이러스 필드는 수소문 끝에 영국과 미국 정부로부터 전투함을 구할 수 있었어. 영국 정부가 아가멤논호를, 미국 정부 5000톤짜리 나이아가라호를 내주었는데 이것도 여의치 않아서 내부 구조를 바꿔서 겨우 출항할 수 있었지.

1857년 8월 5일, 아일랜드에서 케이블 함대가 출정식을 가졌어. 계획은 두 배에 각각 케이블 절반씩을 싣고 대양 중간 지점에서 만나, 거기서부터 케이블을 바다에 풀어 넣는 거였어. 나이아가라호가 먼저 바다 중간 지점에 도착해서 케이블을 깔기 시작했어. 마치 거미가 거대한 몸집에서 실을 뽑아내는 것처럼 배는 계속 케이블을 흘리면서 바다로 나아갔지. 그런데 335마일 쯤에서 사고가 일어났어. 케이블이 풀려서 배 안에 있던 케이블이 몽땅 바다로 빠지고 말았지. 끔찍한 사고였어.

이 일로 사이러스 필드는 시가 10만 파운드어치 케이블을 잃었어. 하지만 그는 포기하지 않았어. 불굴의 투지로 1년 만에 재기하고, 1858년 6월에 낡은 케이블을 싣고 다시 출항했어. 그런데 사흘이 지난 후 기상 이변이 일어난 거야. 이번에는 폭풍우였어. 열흘이나 미친 듯이 폭풍우가 아가멤논호를 강타하며 케이블에 엄청난 손상을 입힌 거야. 코일들이 서로 얽히고 고무 껍질이 찢어져, 복구가 불가능할 정도였지. 배와 케이블은 너덜너덜해져서 철수할 수밖에 없었단다.

이제 그만! 런던의 주주들은 모두 만류했어. 그런데도 사이러스 필드는 세 번째 시도를 강행했어. 두 번째 실패 후 5주가 지나서 영국의 퀸스타운을 떠났지. 출발한 지 11일째 되는 날에 아가멤논과 나이아가라호는 대서양 한가운데에서 만나 케이블을 바다에 풀기 시작했어. 두 배가 서로 멀어져 가는 동안 케이블은 끊어지지 않고 바닷속으로 흘러 들어갔어. 드디어 8월 5일, 나이아가라호가 뉴펀들랜드 해안에 도착했고, 아가멤논호도 아일랜드 해안에 무사히 도착했어.

"콜럼버스의 신대륙 발견에 버금가는 사건이다!" 구대륙과 신대륙이 전신선으로 연결되자, 이 소식은 영국과 미국 신문에 대서특필되었어. 8월 16일, 빅토리아 여왕의 축하 메시지가 뉴욕에 도착했어. "케이블, 완벽하게 작동하다.", "기쁨에 넘친 시민들", "세계적인 축제의 시간" 등으로 신문들은 환호했고 대중들은 열광했지. 포병 부대는 100발의 축포를 쏘아 올려 미합중국 대통령이 여왕에게 답신을 보냈다는 사실을 알렸어. 사이러스 필드는 미국 국민의 영웅이 되었어. 나이아가라호를 타고 돌아온 사이러스 필드와 승무원들은 승리감에 도취되어 남은 케이블을 싣고 거리를 행진했단다. 교회마다 종이 울렸고, 사방에서 축포가 터지고, 그야말로 장관이었지.

전선에서 무슨 일이 일어난 것일까?

그런데 8월 31일 퍼레이드가 한창일 때, 전신기의 작동이 멈춰버렸어. 이미 며칠 전부터 전신기에서 직직 끓는 소리가 나오고 있었어. 상태가 영 좋지 않더니 결국에 신호가 끊어져 버린거야. 환호하는 사람들에게 이 불행한 소식이 전해지자, 사이러스 필드는 한순간에 영웅에서 사기꾼으로 추락했어. 전신 사업의 성공에 들떠서 기뻐했던 사람들은 더 격하게 분노했어. 성급하게 환호성 지른 것을 후회하며 사이러스 필드를 맹비난했지. 졸지에 그는 세계를 속여 먹은, 천하의 죽일 놈이 되고 말았어.

왜 이런 일이 벌어졌을까? 수년간 천문학적인 돈을 쏟아붓고 숱한 난관을 헤치며 겨우 성공했는데 무엇이 잘못된 것일까? 사업 시작 전에 사이러스 필드는 전자기에 관한 지식이 거의 없었어. 케이블을 바다에 풀어 넣는 작업에만 신경 썼지, 전기 기술적인 문제는 거의 없을 거라고 예단했어. 전선은 좁은 터널이나 관 같은 것이고, 전류는 그 속에 흘러가는 물질, 유체라고 여기고 있었어. 전류를 그냥 전선 속에 밀어 넣으면 된다고 간단하게 생각했던 거야.

물론 톰슨이라는 과학자에게 자문을 구하기는 했어. 톰슨은 사이러스 필드의 케이블을 보자마자 뭐가 잘못되었는지를 간파했어. 잠깐, 그가 누구냐면 지금은 켈빈 경으로 알려진 스코틀랜드 출신의 물리학자 윌리엄 톰슨(1824~1907)이야. 열 살에 글래스고 대학에 입학해서 모든 과목에서 수석을 차지한 신동이었지. 일흔다섯 살에 은퇴할 때까지 글래스고 대학의 자연철학과 교수로 있으면서 다방면에 업적을 남겼어. 1849년에 처음으로 '에너지'라는 용어를 쓴 과학자가 바로 톰슨이었어. 열역학이라는 새로운 학문 분야를 개척했고, 섭씨 −273도가 켈빈 온도 0도라는 절대 온도의 개념을 세운 장본인이야.

사실 톰슨은 해저 케이블을 보고 경악했어. 절대 이 케이블은 안 된다고 만류했지. 케이블의 구조를 모조리 바꿔야 한다고 말했는데 받아들여지지 않았어. 사이러스 필드의 케이블은 세 겹으로 만들어졌어. 가운데 구리선에 얇은 절연용 고무를 감고, 다시 전체를 철로 감았지. 깊은 바닷 속에서 끊어지지 않도록 마지막에 철로 단단히 감싼 거야. 그런데 이것이 문제였어. 케이블의 고무 절연체는 너무 얇았고, 철로 감싼 부분 때문에 전기는 바닷물 속으로 유출될 수밖에 없었지.

이때 톰슨은 패러데이의 전자기장 이론을 가지고 사이러스 필드를 설득하려고 했어. 전자기장 이론에 따르면 전류는 사람

들이 생각하는 전선 속에 흐르는 물질이 아니야. 패러데이는 전류가 흐르는 주변에 보이지 않는 힘의 장, 즉 전자기장이 있다고 주장했어. 전기는 전선 속에서 스스로 굴러가는 것이 아니고, 촘촘히 짜여진 힘의 선을 진동하면서 옮겨진다는 거야. 전기를 입자처럼 생각하면 안 되고, 파동으로 생각해야 한다는 거지. 톰슨은 바닷속 케이블도 이런 원리로 작동한다고 말했어. 전자기장의 힘(전기 에너지)이 빠져나가지 않도록 하려면 고무 절연부를 훨씬 두껍게 만들어야 한다고 말이야.

그런데 사이러스 필드는 톰슨이 무슨 말을 하는지 전혀 이해하지 못했어. 톰슨의 자문은 무시된 채 사업이 강행되었지. 필드의 전기 기술 책임자였던 에드워드 화이트하우스도 톰슨의 말을 이해하지 못하기는 마찬가지였어.

대서양 케이블이 설치된 직후, 빅토리아 여왕은 미국 대통령에게 축전을 보냈어. 전기 기술 책임자인 화이트하우스는 축전이 몇 분이면 송신될 줄 알았지. 그런데 99단어밖에 안 되는 전보 메시지가 전송되는 데 16시간 30분이 걸렸어. 미국 대통령이 여왕에게 보내는 메시지는 두 배나 되는 30시간 이상 걸렸고. 톰슨이 예견했던 일이 실제로 벌어진 거야. 전신수가 보낸 신호는 대서양을 가로지르면서 물속으로 빠져나가 점점 흐릿해졌지. 도착할 즈음에는 알아보기 힘들 정도로 뭉개져 있었어.

다급해진 화이트하우스는 이 사태를 수습하려고 전지의 출력을 높였어. 그는 전류가 전선으로 밀어 넣어지는 물질이라고 봤기 때문에 강한 전류를 보내면 메시지가 빨리 전달된다고 생각했던 거야. 이보다 더 나쁜 선택은 없었어. 강력한 전류가 케이블의 구리선과 고무 절연체, 철제 외장을 서서히 녹이기 시작했어. 전선이 모두 타 버리는 누전 현상이 일어난 거야. 전신기는 완전히 먹통이 되었어. 며칠이 지난 후 톰슨이 원래 고안했던 섬세한 송신기와 수신기로 비밀스럽게 교체했지만 타 버린 케이블을 되돌릴 수는 없었어. 그렇게 사이러스 필드의 세 번째 시도는 성공의 문턱까지 갔다가 실패하고 말았지.

우여곡절 끝에 대서양 해저 케이블이 설치된 것은 8년이 더 지난, 1866년 7월 13일이었지. 이번에 사이러스 필드는 톰슨의 말을 들었어. 케이블에 고무 절연부를 한층 두껍게 만들고, 전선에 매우 가벼운 전압을 사용했어. 그랬더니 대서양을 건너 아주 또렷하게 메시지가 전해졌어. 톰슨은 그 공로로 기사 작위를 받았어. 사이러스 필드는 대서양에 수천 톤의 케이블을 바치고 부자가 되었고. 드디어 유럽과 아메리카 대륙은 동일한 심장 박동을 가지게 되었지. 지구의 이쪽 끝에서 저쪽 끝에 이르기까지 동시에 보고 듣게 된 거야. 톰슨은 패러데이에게 이 사실을 전했을까? 당신의 힘의 장이 지구 구석구석까지 뻗어 나와 사람들의 이야기를 전하고 있다고 말이야.

2. 공간에 상상력을 펼치다

마이클 패러데이(1791~1867)는 1791년 런던교 남쪽의 빈민가에서 태어났어. 패러데이의 아버지는 대장장이였고 삼촌들은 방직공, 식료품상, 여관 주인, 재단사였지. 패러데이는 열세 살에 책과 신문을 취급하는 서점에서 심부름꾼으로 일했어. 얼마 지나지 않아 책 만드는 제본공이 되었어. 7년짜리 계약직이었지만 패러데이는 그곳에서 백과사전과 과학책, 문학책을 읽으며 배움의 세계를 넓혀 나갔단다.

패러데이는 형에게 돈 1실링을 빌려서 존 테이텀의 전기 강연을 들었지. 거기서 큰 감동을 받고 테이텀이 창립한 런던시 철학협회에 가입했어. 패러데이는 그곳에서 가장 근면한 학생이었지. 과학은 그에게 상상력과 영감을 주었어. 『화학에 관한 대화』를 읽고 또 읽으며 과학자가 되기로 결심을 했어. 하지만 패러데이가 사는 세계에서 과학계는 한없이 먼 곳에 있었지. 당시에 나온 〈아름답고 빛나는 모든 것들〉이라는 시의 한 구절이야.

> 부유한 자가 자신의 성채 안에서 살아가고,
> 가난한 자가 자신의 담벼락 뒤에서 사는 것은,
> 하느님께서 그들의 지체를 높고 낮게 만드시고,
> 그들의 토지를 손수 분배하신 까닭이다.

부유한 자와 가난한 자는 하느님이 정해 준 신분이었어. 아름답고 빛나는 것들은 귀족 신분이나 부유한 신사 계층이 차지하고 있었지. 그런데 어느 날 패러데이에게 인생의 빛나는 순간이 찾아왔어. 왕립과학연구소에서 험프리 데이비(1778~1829)를 만나게 된 거야. 당시 새로 출범한 왕립과학연구소에서 험프리 데이비는 최고의 인기를 누리던 전기 화학자였어. 서점의 단골손님으로부터 티켓을 얻어 데이비의 강연을 듣게 된 패러데이는 강연 노트를 꼼꼼하게 정리해 두었어. 그 노트를 가지고 용감하게 데이비의 연구실을 찾아갔단다.

1812년 패러데이는 제본업 노동자에서 데이비의 실험 조수로 과학계에 발을 들여놓았어. 그토록 원하던 새로운 삶이었으나 왕립과학연구소의 말단직이었지. 주어진 업무는 '잡일과 걸레질'이었어. 데이비와 유럽 여행을 하는 중에 하인이 일을 그만두자, 패러데이가 하인 노릇을 하게 되었어. 온갖 수모를 겪으며 데이비 부인의 시중까지 들었지. 나중에 패러데이는 이렇게 회고해. "과학은 다루기 어려운 애인과도 같아서 헌신적으로 섬기는 이들에게 제대로 된 보상을 주지 않으며, 특히 금전적인 면에서 더욱 그러하네."

하지만 데이비와 함께한 유럽 여행은 패러데이를 과학의 세계로 안내하는 벅찬 흥분과 환희가 교차하는 시간이었어. 게이 뤼삭(1778~1850)과 앙페르(1778~1867) 같은 프랑스 최고의 과학자를 만날 수 있었으니까. 또 평소에 존경하던, 전지를 발명한 예순아홉 살의 알렉산드로 볼타(1745~1827)를 밀라노에서 볼 수 있었지. 18개월의 여행이 끝난 뒤 소년이었던 패러데이는 스무 살의 어엿한 청년이 되어서 돌아왔어.

원을 그리는 힘

왕립과학연구소에 복귀한 패러데이는 데이비의 조수이자 '실험 장비 및 광물질 총감독관'으로 승진했어. 1820년이 되자 스물아홉 살의 패러데이는 연구소에서 중견 과학자로 자리 잡았지. 그즈음에 덴마크에서 놀라운 소식이 날아왔어. 한스 외르스테드(1777~1851)라는 덴마크의 물리학자가 발견한 실험인데, 전선 옆에 나침반을 두고 전류를 통했더니 나침반의 바늘이 수직으로 움직였다는 거야. 전류가 자기바늘에 영향을 미친다는 사실이 드러났어.

　단순한 실험이었지만 패러데이는 적잖이 충격을 받았어. 이제껏 전기와 자기는 별개의 현상으로 여겼거든. 머리빗에 머리카락을 문지르면 정전기가 생기잖아. 자석은 철가루를 끌어당기고. 그런데 이런 자기가 전기와 같은 힘이라고는 전혀 생각하지 못했거든. 패러데이는 외르스테드의 실험이 갖는 의미를 곱씹으며 생각했어. 왜 나는 전기 회로 옆에 나침반을 가져다 놓을 생각을 하지 못했을까? 수천 년 동안 누구도 생각하지 못한 것을 외르스테드는 어떻게 발견한 것일까?

　외르스테드의 실험은 우연히 발견된 것이 아니었어. 외르스테드는 전류의 영향으로 자침이 움직일 수 있다는 예상을 하고 있었어. 어떻게 이런 발상을 할 수 있었을까? 외르스테드는 덴마크의 코펜하겐 대학 물리학 교수였거든. 과학계의 변방이라고 할 수 있는 독일 문화권에 있는 과학자였지. 외르스테드는 독일 자연철학, 특히 칸트의 철학에 매료되어 있었어. 독일 자연철학은 통일성을 강조했지. 모든 힘은 서로 연결되어 있고 통합될 수 있다고 보았어. 그래서 와르스테드는 빛이나 열, 전기, 자기가 하나의 힘일지도 모른다고 예상하고 전선 옆에 나침반을 두는 실험을 했던 거야.

프랑스의 과학자 앙페르는 외르스테드의 실험 소식을 듣고, 즉각적인 연구 업적을 냈어. 전선으로 실험을 했는데 두 개의 전선이 같은 방향으로 전류가 흐를 때는 서로 끌어당기고, 반대 방향으로 흐를 때는 서로를 밀어냈어. 마치 전기가 꼭 자석처럼 행동하며 스스로 자기를 만들었던 거야. 전선이 자기적 성질을 띤다는 것을 발견한 거지. 전선을 감아서 만든 코일은 영구 자석과 같았어. 이러한 전자석을 이용해 전신기가 만들어졌어. 이후에 앙페르는 뉴턴처럼 두 전선 사이의 힘을 수학 공식으로 나타내려고 애썼어.

그런데 패러데이는 앙페르와 달랐어. 그는 외르스테드처럼 과학계의 변방에 있는 처지였거든. 케임브리지나 옥스퍼드 대학 출신 과학자들 사이에서 외톨이였지. 정규 교육을 받은 적이 없어서 독학으로 글쓰기를 배웠고, 미적분학과 같은 수학을 전혀 다룰 줄 몰랐어. 그래서 오로지 자신의 직관과 실험에 근거해서 논문을 작성했어. 다른 과학자들은 이런 수학 공식이 하나도 없는 논문을 보고는 읽는 것조차 꺼렸지. 뉴턴 과학의 전통에 있었던 과학자들이 보기에 패러데이는 이상한 연구자였던 거야.

그런데 오히려 수학을 모르는 것이 패러데이에게 커다란 장점이 되었어. 패러데이는 뉴턴의 연구 방식을 따르지 않았거든. 수학적 법칙으로 추론하지 않고 전적으로 실험적인 관찰에 의존해서 연구를 했지. 그러다가 누구도 생각하지 못한 통찰을 했어. 외르스테드의 실험을 몇 번이고 재현해 보면서 전류와 자침이 움직이는 방향이 특이하다는 것을 발견한 거야. 전류와 자침이 평행으로 있다가, 전류를 흘려보내면 자침이 직각 방향으로 돌아갔어. 전류는 남북 방향으로 흐르는데 자침은 동서 방향으로 움직였어. 전류의 방향으로 바꿔서 북남 방향으로 흐르게 하면 자침은 다시 반대 방향인 서동 방향으로 움직였지. 전류가 자침을 잡아당기거나 밀어내는 것이 아니라, 마치 전류가 자침을 회전시키는 것처럼 보였던 거야.

이것은 뉴턴 과학으로 설명하기 어려운 실험 결과였어. 뉴턴은 자연의 모든 힘이 직선으로 작용한다고 보았거든. 입자들끼리 직접적으로 끌어당기고 밀쳐 내는 힘만 있다고 생각했지. 그런데 전기와 자기의 작용은 뉴턴이 생각한 힘으로는 설명할 수 없었어. 패러데이의 눈에는 입자가 아니라 공간에 펼쳐진 힘의 선(역선)을 통해 서로 힘을 주고받는 것처럼 보였지.

자석 주위에 철가루를 뿌려 보면 철가루가 독특한 무늬를 만드는 것을 볼 수 있잖아. 철가루가 흩어져 있는 모양처럼 힘의 선이 펼쳐져 있는 것이 아닐까? 호수에 돌을 던지면 동심원을 그리는 것처럼 말이야. 당구공 모양의 입자가 부딪혀서 힘이 전달되는 것이 아니라 동심원의 파동을 일으켜 힘이 전달되는 것은 아닐까? 이렇게 패러데이는 전선과 자석 주변에 전기장이나 자기장이 만들어진다고 생각했어. 그렇지 않고서야 전선에 흐르는 전기가 자침에 힘을 미칠 수는 없지. 좁은 관 속에 있는 전기 입자가 튀어

나와서 자침을 회전시킬 수는 없는 노릇이니까.

　패러데이는 다양한 철가루 실험을 하다가, 가로로 누워 있는 전선을 수직으로 세워 보았어. 그랬더니 전선을 중심으로 철가루가 여러 개의 동심원을 그리는 것을 확연히 볼 수 있었어. 패러데이는 직선이 아니라 '원을 그리는 힘'이 작용한다는 확신을 갖게 되었지. 그러고는 '원을 그리는 힘'을 검증하기 위해 독창적인 실험을 고안했어. 유리관에 도선 코일을 감고 전지를 연결해서 자석을 만들었어. 철심이 아니라 유리관으로 전자석을 만든 거야. 그다음에 얇은 코르크 조각에 자기 바늘을 꽂아서 준비해 놨어. 커다란 수조에 물을 채우고 코일 감은 유리관과 자기 바늘을 띄웠어. 물 위에 두 개의 자석을 놓아둔 거지. 코일 감은 유리관이 물에 반 정도 잠기고, 자기 바늘은 물 위를 돌아다녔어.

　어떻게 되었을까? 반대 극끼리 잡아당기니까 코일의 S극과 자기 바늘의 N극이 서로 이끌려서 움직일 거야. 반대되는 극에 도달하면 두 물체가 딱 붙어서 떨어지지 않을 것이라고 예측할 수 있지. 그런데 자기 바늘이 멈추지 않고 코일을 감은 유리관을 통과해서 계속 움직이는 거야. 그러다 자기 바늘은 코일과 나란하게 멈췄어. 자기 바늘의 N극은 코일의 N극 옆에, 자기 바늘의 S극은 코일의 S극 옆에 있는 거야.

　이 실험을 하고 패러데이는 무릎을 탁 쳤어. 자기력은 단순히 잡아당기거나 밀어내는 극의 성질만 가진 것이 아니었어. 자기

공간에 힘의 선이 펼쳐져 있다

패러데이(1791~1867)는 자석과 철가루로 실험을 하다가
자기의 힘이 연속적인 힘의 선을 이루고 있음을 알게 되었다.
전자기장의 기본 개념을 확립한 패러데이와 그가 그린 자기력선.

의 힘은 한 극에서 시작해서 다른 극으로 끝나는 것이 아니라 자석 전체를 통과하며 연속적인 힘의 선을 이루고 있었던 거야. 패러데이는 이 실험을 통해 힘이 작용하는 자기력선이 물체 사이의 공간에 있다는 믿음을 갖게 되었어.

전기와 자기가 어떻게 서로를 유도할까?

자석이 철을 끌어당겨. 전류가 흐르는 도선은 철가루를 끌어당기고. 지구는 달을 끌어당기고, 태양은 지구를 끌어당기지. 세상에는 이렇게 눈에 보이지 않는 힘이 작용하고 있어. 뉴턴이 한 일은 만유인력의 법칙을 통해 힘의 작용을 증명한 거야. 서로 멀리 떨어져 있는 물체들이 힘을 직접 주고받을 수 있다는 거지. 뉴턴의 말대로라면 떨어져 있는 물체 사이에는 아무런 매개 없이 힘이 직접 작용해. 또한 힘을 주고받는 데에는 시간이 걸리지 않아. 무슨 마법과 같은 현상인데 과학자들은 이것을 이상하게 생각하지 않았어. 오직 패러데이만 뉴턴 과학을 의심했어. 그가 본 자연 세계는 직선이 아닌 회전하며 '원을 그리는 힘'이 작용하고 있었거든.

패러데이는 세상 모든 힘의 작용을 다르게 생각하기 시작했어. 힘은 입자끼리 직접적으로 부딪혀서 작용하는 것이 아니라 주변에 만들어진 힘의 장을 통해 간접적으로 전달되는 것 같았어. 전기와 자석 주변에 힘의 공간, 전자기장이 있다고 본 거지. 패러데이는 이렇게 전자기장이라는 새로운 개념을 창안했어. 전기력이나 자기력은 힘의 선이 진동하면서 힘을 전달하는 파동이었어. 전선에 전류가 흐를 때 나침반의 바늘이 흔들린 것은 전자기장의 변화 때문이었던 거야. 전자기장이 변화해야 전기가 자기로 변하고, 자기가 전기로 변할 수 있으니까.

전기는 쉽게 자석이 돼. 전자석처럼 도선에 전류가 흐르면 자기력이 생기잖아. 반대로 자기도 전기가 될 수 있지 않을까? 누구나 짐작할 수 있는 거였어. 그런데 자기에서 전기를 만드는 일은 생각보다 쉽지 않았어. 수많은 사람들이 도전했으나 실패를 맛보았지. 패러데이는 1821년부터 실험실에서 이 문제에 매달렸어. 1831년에 드디어 자석 주변에 전기를 발생하는 실험에 성공했지. '전자기 유도 법칙'을 발견하는 데 10년이나 걸린 거야.

전자기 유도는 전류가 일정하게 흐르는 회로나 가만히 정지해 있는 자석에서는 일어나지 않았어. 코일을 도넛 모양으로 만들고 그 사이로 자석을 움직여야 코일에서 전류가 만들어졌지. 자석을 코일에 넣었다 뺐다를 반복하자 유도 전류가 순간적으로 나타났다가 사라졌어. 왜일까? 패러데이는 곰곰이 생각했어.

먼저 전기가 자기를 만드는 외르스테드의 실험을 떠올려 보았어. 전류가 흐르는 도선에서 나침반의 바늘이 움직이는 때는 전류를 켰다, 껐다 하는 순간이었지. 전류가 도선에서 꾸준히 흐를 때는 자침은 움직이지 않았어. 자기가 전기를 만드는 전자기 유도도 마찬가지였던 거야. 자석을 넣었다 뺐다 하는 순간에만 전류가 유도되었지. 이것은 무엇을 뜻하는 것일까? 패러데이는 전류나 자석 주위에 전기장과 자기장의 상호 작용이 있다고 직감했어. 전기장이나 자기장이 변화해야 자기나 전기를 유도할 수 있었던 거야.

전기와 자기가 유도되려면 방향이 아주 중요했어. 패러데이는 수없이 시행착오를 겪으면서 그 방향을 알아냈어. 우연적인 발견 같지만 전자기장의 개념이 있어서 성공할 수 있었던 거야. 코일과 자석은 서로 직각을 이뤄야 해. 세워진 코일과 자석이 수직으로 움직일 때 전류가 발생했어. 이때 코일의 전기장과 자석의 자기장

이 서로 교차하면서 가로지르게 되지. 코일의 빈 공간으로 자석을 밀어 넣으면 코일의 도선이 자석의 자기력선을 자르면서 지나는 것 같았어. 눈에 보이지 않지만 전기와 자기의 역선이 잘리며 전자기장의 변화를 일으키고 전류를 만들었던 거야.

　패러데이는 1832년에 자신의 일기장에 전자기 유도 법칙을 정리해서 기록했어. 전기, 자기, 운동의 세 가지 작용이 3차원에서 서로 직교하고 있었지. '전자기 유도 법칙'은 알기 쉽게 '오른손 법칙'으로 나타내. 전기 기술자들은 도선이 자기장을 지날 때 전기가 어떻게 유도되는지를 기억하려고 이 법칙을 사용했어. 엄지손가락은 운동이고, 집게손가락은 자기, 가운뎃 손가락은 전기의 방향을 가리키고 있어. 코일과 같은 도선이 엄지손가락 방향으로 움직이면 집게손가락 방향에 있는 자기력선을 가로지르고, 그러면 가운뎃 손가락 방향으로 유도 전류가 발생한다는 거야.

　전자기 유도 법칙은 곧 발전기를 만드는 데 응용되었어. 발전기는 전기 에너지를 생산하는 기계야. 패러데이의 전자기 유도 법칙을 몰랐다면 만들어질 수 없었지. 그 후에 석탄, 물, 원자력을 각각 이용한 화력 발전소, 수력 발전소, 원자력 발전소가 세워졌잖아. 우리는 발전소에서 생산된 전기 에너지로 엄청난 문명의 혜택을 누리고 있어. 이 모든 것이 패러데이 덕분이지. 당시에는 패러데이의 연구가 이토록 실용적 가치를 지니게 될 줄 아무도 알지 못했어.

3. 전기와 자기, 빛을 통합하다

포기하지 않고 계속 나아갈 것

1840~1850년대에 이르러 기술자들 사이에서 패러데이의 전자기 유도 법칙은 빠른 속도로 퍼져 나갔어. 전신 시스템이 상용화되었고, 발전기와 전기 모터가 관심을 끌기 시작했어. 그런데 패러데이가 말한 '힘의 선'이나 '전자기장'의 개념을 받아들이는 사람은 거의 없었어. 자석 주위에 뿌려 놓은 철가루를 보면서 힘의 선이 있다고 하면 누가 믿겠어? 사람들의 눈에 그것은 그냥 철가루였어. 힘의 선은 아니었지.

패러데이는 전기력이나 자기력뿐만 아니라 중력까지도 힘의 선의 작용이라고 주장했어. 공간은 물질이 아닌 중력선이나 전기력선, 자기력선으로 채워졌고, 자연의 모든 힘은 이러한 역선과 중력장, 전자기장을 통해 전파된다는 거야. 그러면 뉴턴의 원격 작용이 틀리고 자신이 옳다는 것을 밝혀야 하는데 증명할 방법이 없었어. 알다시피 패러데이는 과학계에서 고립되어 있었잖아. 1839년에 그는 건강 악화로 쓰러졌어. 평생을 심한 두통과 현기증, 기억 상실과 우울증에 시달렸지. 아무래도 실험실에서 화학 물질을 다루면서 중금속에 중독된 것 같아. 그런데도 패러데이는 왕립 과학연구소에서 실험과 연구, 대중 강연을 멈추지 않았어.

1845년 패러데이는 영국과학진흥협회의 연례 총회에서 윌리엄 톰슨을 만났어. 대서양 해저 케이블 사업에 참여했던 바로 그 톰슨이야. 그는 처음으로 패러데이의 장이론을 이해한 과학자였어. 나중에 열역학을 살펴볼 때 톰슨이 또 등장할 거야. 그는 열전도와 전자기를 비슷한 현상으로 보았어. 높은 온도의 열이 증기 기관을 움직이는 힘이 있는 것처럼 전기와 자기의 힘이 작용한다고 생각했지. 열이 하는 일을 정량적으로 측정하듯이 전자기력의 세기도 수학적으로 나타내려고 했어. 수학 공식이 하나도 없는 패러데이의 『전기에 대한 실험적 연구』를 읽으면서 역선을 물리적 실체로 보고, 해저 케이블에 해당하는 방정식을 만들었지.

무엇보다도 톰슨이 전자기학에서 큰 공헌을 한 것은 젊은 스코틀랜드 과학자, 맥스웰(1831~1879)을 발굴한 일이야. 1854년 톰슨은 케임브리지 대학을 졸업하고 전기에 관심을 보이는 맥스웰에게 패러데이의 책들을 보라고 추천했어. 맥스웰은 톰슨의 격려로 패러데이의 이론에 빠져들었어. 패러데이가 말하는 힘의 선과 전자기장이 분명 실재하는 듯 보였거든. 맥스웰은 이것이 어떻게 작동하는지를 증명하기 위해 고심했단다.

과학 탐구의 모든 일이 그러할 거야. 실험하고 계산해서 수학 법칙을 만들고, 그 법칙이 맞는지 다시 실험으로 검증해야 하지. 패러데이가 실험에서 추론한 것은 그저 아이디어일 뿐이야. 전선이나 자석 주위에 힘의 선이 작용하는 전자기장이 있다면 수학적 공식으로 나타낼 수 있어야 해. 중력의 존재를 만유인력의 법칙으로 보여 준 것처럼 말이지.

맥스웰은 1856년에 『패러데이의 힘의 선에 관하여』를 발표했어. 그리고 1861년에 『물리적 힘의 선에 관하여』, 1864년에 『전자기장에 대한 동역학적 이론』을 통해 패러데이의 전자기장을 입증하고 '전자기학'이라는 새로운 학문을 개척했지. 과학자들은 맥스웰의 전자기학을 19세기 물리학이 거둔 위대한 승리라고 칭송해. 왜냐면 눈으로 직접 확인할 수 없는 전자기 현상을 시각적으로 이해할 수 있게 만들었거든.

그러면 맥스웰은 어떻게 불가능한 일을 가능하게 만들었을까? 그는 전자기장의 실험 모형을 만들고, 힘의 작용을 셀 수 있는 물리량으로 바꾸어서 수학적으로 나타냈어. 이러한 문제 해결 방식은 굉장히 창의적이었지. 그의 창의적 사고는 어디서 나온 것일까? 1860년 맥스웰은 런던 킹스 칼리지의 자연철학 교수로 부임하면서 취임 강연에서 이렇게 말해.

나는 이 수업에서 여러분이 단순히 결과물만 배우거나, 나중에 만나게 될 연습 문제에 적용할 수 있는 공식만 배우지 않고, 이 공식들이 의거하는 원리를 배우기를 바랍니다. 원리가 없는 공식은 정신 속의 쓰레기에 지나지 않습니다.

마지막으로 전기와 자기의 과학이 있습니다. 이 분야는 인력, 열, 빛, 화학 작용 등을 다루는데 어떤 상태에서 물질이 이러한 현상을 보이는지에 대해서는 아직 부분적이고 임시적인 지식밖에 없습니다. 엄청난 양의 사실이 수집되었고 여기에 몇몇 실험적 법칙으로 표현되는 모종의 질서가 부여되었지만, 이 법칙이 보편적 원칙으로부터 연역적으로 도출되려면 어떤 형식이 필요한지는 아직 불분명합니다. 위대한 발견들로 인해 우리 세대가 개선할 것이 남아 있지 않다면 불평해서는 안 됩니다. 그런 발견은 과학에 더 넓은 경계선을 부여했을 뿐입니다. 우리가 할 일은 이미 정복한 영토에 질서를 부여하고, 계속해서 다음 단계의 작업을 해 나가는 것입니다.

맥스웰의 말은 우리가 과학 공부를 어떻게 하는지 돌아보게 해. 공식을 외우고 문제 풀이에 매달리는 것이 잘못된 공부라는 거야. 시험을 위해 암기한 지식은 시험이 끝나면 다 잊어버리니까. 맥스웰은 "원리가 없는 공식은 정신 속의 쓰레기에 지나지 않는다."고 강조하고 있어. 그러고는 자신이 연구하는 전기와 자기에 관해 담담하게 고백하지. 아직 부분적이고 임시적인 지식밖에 없다고. 하지만 새로운 과학적 발견을 위해 포기하지 않고 계속 나아갈 것이라고 말이야. 누구도 하지 않은 주제에 도전하는 용기야말로 어떤 재능보다도 빛나는 것 같아.

맥스웰 방정식이 알려주는 것

영국의 유전학자인 존 스콧 홀데인이 한 말이야. 보통 사람들이 과학적 사실을 받아들이는 네 가지 단계가 있다고 해.

1단계, 처음에는 말도 안 되는 이야기라고 펄쩍 뛴다. "세상에 전자기장이 어디 있어? 그런 황당한 소리 하지 마."

2단계, 흥미로운 이야기지만 틀렸다고 한다. "전류나 자석 주위에 전자기장이 나타났다가 사라지곤 한다고? 그거 재미있긴 한데 무슨 신기루나 마법도 아니고 말도 안 되지."

3단계, 사실이라고 인정하면서도 그다지 중요한 사실이 아니라고 폄하한다. "맥스웰의 방정식으로 전자기장을 증명한 소식을 들어서 알고 있지. 그런데 뭐 그게 대단한 것은 아니잖아?"

그리고 마지막 4단계에는 '나는 항상 그렇게 말했었다.'고

떠들고 다닌다. "전기와 자기가 전자기장을 통해 전달된다는 것은 모두 알고 있는 당연한 사실 아니야? 난 처음부터 패러데이와 맥스웰이 대단하다고 생각했지. 전에도 말했잖아."

전기와 자기는 특이한 현상이었어. 대서양에 해저 케이블을 설치하면서 벌어진 해프닝을 생각해 봐. 바닷속에 전깃줄을 연결해서 전신을 보내는데 그 원리를 이해하는 사람이 없었어. 사이러스 필드와 같은 사업가나 기술자들도 전기와 자기의 작용을 전혀 몰랐고. 이들은 전깃줄 속에서 전기 알갱이가 굴러온다고 생각해서 마구 전압을 높였다가 크게 낭패를 보았잖아. 뉴턴의 역학에서 나오는 운동량이나 힘의 개념으로는 전기와 자기를 설명할 수 없었어. 전자기를 입자로 보았기 때문에 전기의 '흐름'이 전달되는 과정을 증명할 수 없었지.

패러데이는 입자가 아니라 파동으로 전기를 설명했어. 전기의 '흐름'이 힘을 만든다는 거야. 줄을 양쪽 끝에서 잡고 흔들 때 줄의 출렁임이 전달되어 오는 것처럼 말이야. 패러데이는 전선 주위의 공간에 '힘의 장'이 분포되어 있다고 했는데 뉴턴 역학으로는 도저히 실체를 보여 줄 수 없었어. 그래서 '에너지'라는 새로운 개념이 나오게 된 거야. 맥스웰은 전자기 현상을 에너지로 설명할 수 있다고 생각했어. 패러데이의 전자기장이 에너지를 가지고 있고, 파동에 의해 에너지를 전달한다고 보았지. 맥스웰은 전자기장의 물리적 모형을 설계했는데 다음 그림과 같이 물처럼 흐르는 에너

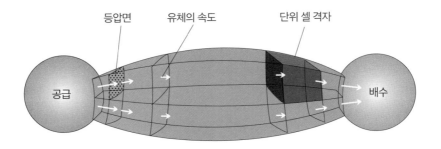

등압면　　　유체의 속도　　　단위 셀 격자

공급　　　　　　　　　　　　　　　　　　배수

맥스웰은 전류가 흐르는 3차원의 유체 튜브를 모형으로 만들었다. 유체의 속도는 튜브의 단면이 좁아질수록 빨라지고, 유체가 받는 힘은 등압면이 좁을수록 커진다.

지로 가득 채워진 공간으로 상상했어. 평면에 그려져서 2차원으로 보이지만 이 모형은 3차원 공간이야.

　　패러데이의 힘의 선은 직선이 아니라 곡선이었잖아. 막대자석을 세워 놓고 철가루를 뿌리면 앞뒤로 골고루 철가루가 붙는 것을 볼 수 있어. 종이 위에 뿌려진 철가루는 2차원 평면에 펼쳐진 모양이지만 실제 전자기 현상은 3차원의 전선에서 일어나지. 맥스웰은 전류가 흐르는 3차원의 유체 튜브를 모형으로 만들었어. 전기가 튜브 속에 물처럼 흐른다고 생각하면 물 한 방울을 튜브 앞쪽에서 밀어넣으면 튜브의 뒤쪽으로 물 한 방울이 밀려 나오겠지. 물 한 방울만큼 겨우 움직인 것 같지만 그 힘은 파이프 전체에 전달된 거야. 이때 튜브의 앞과 중간, 끝에는 당연히 시간의 차이가 생기겠지. 맥스웰은 물의 흐름처럼 전기의 흐름을 상상하면서 유체를 밀어내는 힘과 유체의 속도 사이의 관계를 방정식으로 나타냈어.

이 과정에서 맥스웰이 이용한 수학적 기법이 '벡터'였어. 벡터는 크기와 방향을 갖는 양으로 3차원 공간을 나타내는 데 용이해. 맥스웰은 처음으로 벡터 연산자 $\nabla A(x, y, z)$ 함수를 도입했어. 전자기장의 세기를 나타내는 다양한 물리량이 어떻게 상호 작용하면서 공간과 시간에 따라 변화하는지를 나타내려고 노력했지. 실험 데이터에서 나온 결과를 각 항에 대입하면서 복잡한 계산을 수없이 반복했어. 이렇게 해서 전기장(E)과 자기장(B)을 만족하는 관계식을 얻은 거야. 그것이 맥스웰의 전자기 방정식인데, 나중에 다른 물리학자들이 아래의 네 가지 방정식으로 간략하게 정리했어.

$$\nabla \cdot E = 4\pi\rho$$

$$\nabla \cdot B = 0$$

$$\nabla \times E + \frac{1}{c}\dot{B} = 0$$

$$\nabla \times B - \frac{1}{c}\dot{E} = \frac{4\pi}{c}j$$

당시에 벡터 수학을 이해할 수 있는 과학자가 거의 없었어. 이 방정식을 보고 과학자들은 질겁했지. 요즘 학생들도 기하와 선형 대수, 행렬, 벡터가 나오면 어렵다고 기피하잖아. 하지만 이런 수학적 표현이 얼마나 쓸모 있는 지식인지는 전자기학이 증명하고 있어. 맥스웰의 방정식에는 전자기학의 모든 것이 담겨 있거든.

1820년부터 전기와 자기의 작용에 대한 실험이 쏟아져 나왔는데 왜 그런 작용이 일어나는지를 아무도 몰랐지. 그러다 40여 년이 지나 1864년에 맥스웰의 방정식이 나오자, 그 모든 의문이 한 방에 해소되었어.

맥스웰의 방정식은 전기와 자기의 관계를 설명하고 있어. 전류가 흐르면 전하가 움직이면서 그 주변에 전기장이 변해. 이렇게 전기장이 변하면 자기장이 생기고, 또 자기장이 변화할 때마다 전기장이 생기는 거야. 전기와 자기는 하나의 현상 안에 들어 있는 떨어질 수 없는 관계였어. 하나가 있으면 나머지 하나가 반드시 있게 되는 거야. 그래서 전기와 자기를 '전자기'라고 부르지. 방정식은 외르스테드의 실험이나 패러데이의 전자기 유도 법칙이 '왜' 일어났는지를 증명한 거야.

더 나아가 맥스웰의 방정식은 놀라운 사실을 밝혔어. 방정식을 연립해서 풀어 보았더니, 전자기장에 관한 파동 방정식이 나왔어. 전기장과 자기장의 물리적 실체가 파동이라는 것이 입증된 거지. 더 놀라운 사실은 파동의 속도를 구했더니 빛의 속도가 나왔어. 실험적으로 측정된 빛의 속도는 초당 30만 킬로미터였거든. 이것과 방정식으로 계산한 전자기파의 속도가 일치했어. 맥스웰의 방정식이 엄청난 예측을 해낸 거야. 바로, 빛은 전자기파다! 빛은 전기장과 자기장이 서로 변하면서 얽혀서 퍼져 나가는 전자기파였던 거야.

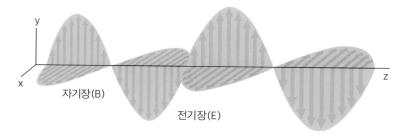

전자기파는 주기적으로 세기가 변하는 전기장과 자기장 한 쌍이 파동을 이루며 공간 속으로 전파되는 것이다. 전기장과 자기장은 서로 수직이며 퍼져 나가는 방향에 수직으로 진동한다.

맥스웰은 전자기 연구를 처음 시작할 때 전혀 예상하지도 않았던 결과를 얻었어. 「물리적 힘의 선에 관하여」란 논문을 쓸 때는 패러데이의 아이디어를 살려서 전기, 자기, 전류를 통합적으로 설명하는 이론을 만들려고 했지. 특히 전자기장과 에너지의 개념을 의심하는 과학자들에게 새로운 이론이 옳다는 것을 보여 주려고 했어. 1864년 「전자기장의 동역학 이론」은 눈에 보이지 않는 전기와 자기의 힘이 어떻게 작동하는지를 뉴턴의 역학처럼 구현한 거였거든. 그 과정에서 전기, 자기, 빛을 통합하고 전자기학, 전기역학이라는 새로운 물리학이 나오게 된 거야.

그런데 맥스웰의 전자기학은 과학계에서 쉽게 인정받지 못했어. 물리학자들은 맥스웰의 논문을 읽고 방정식이 담고 있는 의미를 알아채지 못했지. 패러데이의 전자기장이나 에너지의 개념이 낯설었던 거야. 새로운 전자기학을 받아들이려면 실험적 증거가

전자기장을 증명하라!

패러데이의 전자기장 이론을 펼쳤지만 수학적으로 증명하지는
못했다. 맥스웰에 이르러서야 전자기장이 눈에 보이는
실험 모형으로 만들어지고, 셀 수 있는 물리량으로 바뀌어
증명될 수 있었다. 패러데이의 장이론을 처음으로 이해하고
맥스웰에게 소개한 톰슨, 그리고 전자기학을 개척한 맥스웰과
전자기파의 존재를 실험으로 증명한 헤르츠.

전자기장을 물처럼 흐르는
에너지로 가득 채워진
공간이라 상상했어.

톰슨

전기 신호는 공기 중으로
전달될 수 있지.
그래서 무선통신이
가능한 거야.

맥스웰

헤르츠

필요했어. 전자기장이나 전자기파의 존재를 눈으로 직접 확인해야 맥스웰의 마법 같은 전자기장을 믿을 수 있는 분위기였지. 하지만 시간은 기다려 주지 않았어. 전자기파의 발견 소식은 들려오지 않았고, 안타깝게도 1879년 11월 5일 맥스웰은 전성기인 마흔여덟의 나이에 복강암으로 세상을 떠나고 말았어.

하인리히 헤르츠의 일기장

맥스웰이 숨을 거둔 그해에 하인리히 헤르츠(1857~1894)는 독일 베를린 대학에 있었어. 그 무렵 독일에서 가장 명성 높은 과학자는 헬름홀츠였지. 헤르츠는 헬름홀츠 밑에서 물리학을 배우는 연구생이었어. 헬름홀츠는 맥스웰의 전자기 이론을 검증할 실험이 중요하다는 것을 알고 헤르츠를 독려했지. 1884년 헤르츠는 킬 대학에서 무급 강사로 일하면서 맥스웰의 전자기학을 연구했어. 이듬해 카를스루에 대학의 실험물리학 교수로 임용되자, 헤르츠는 실험실에서 전자기장의 변화를 감지하는 일에 매달렸어.

아래는 헤르츠가 1884년부터 기록한 실험 일지야. 그의 하루하루 생활이 어땠는지 보여 주고 있어. 헤르츠의 마음속은 온통 전자기학 실험뿐이었지. 그런데 실험이 잘되지 않아서 우울한 기분을 떨치지 못하고 있었어. 1886년 7월 31일에 결혼을 한 것 빼고는 좋은 날이 없었던 것 같아.

1884년

1월 27일 _ 전자기선에 대해 생각했음.

5월 11일 _ 저녁에 맥스웰 전자기학에 대해 열심히 연구.

5월 13일 _ 오로지 전자기학.

5월 16일 _ 하루 종일 전자기학에 대해 연구했음.

7월 8일 _ 계속 전자기학 연구하고 있으나 성과가 없음.

7월 17일 _ 우울, 어느 하나 잘되는 게 없음.

7월 24일 _ 일할 기분이 아니었음.

1885년

12월 31일 _ 올해가 끝나서 다행임. 내년은 제발 올해 같은 해가 되지 않았으면 좋겠음.

1886년

1월 22일 _ 심한 감기와 치통.

2월 12일 _ 하루 종일 전지를 갖고 일했음.

7월 31일 _ 결혼식 날.

9월 16일 _ 어떤 연구에 착수할지 아직 정하지 못했음.

1887년

6월 3일 _ 공기가 습해 작업을 제대로 하지 못했음.

6월 7일 _ 실험을 조금 했음, 맥이 없고 일할 의욕도 나지 않음.

7월 15일 _ 커다란 전지를 충전하기 시작했음.

7월 18일 _ 전지에서 일어나는 불꽃 방전을 갖고 몇 가지 실험을 했음.

7월 19일 _ 일하고자 하는 의욕이 완전히 사라져 버림.

헤르츠의 일기장에 긍정적인 말이 나오기 시작한 것은 1887년 9월부터였어. 마침내 헤르츠는 맥스웰의 전자기파를 확인할 수 있는 실험 장치를 고안했어. 이 장치의 핵심은 어떻게 파동을 감지하는가에 있었어. 눈으로 직접 파동의 존재를 확인하기가 결코 쉽지 않았거든. 그동안 헤르츠뿐만 아니라 많은 과학자들이 실패했던 데에는 다 이유가 있었지. 헤르츠가 해결한 부분은 바로 '파동을 느낄 수 있는' 장치였단다.

9월 7일 _ 높은 진동수의 전기 진동에 대해 실험실 작업을 시작했음.

9월 17일 _ 매우 아름답고 상호보완적인 실험 결과가 나오고 있음.

9월 19일 _ 회로들의 상대적 위치를 바꾼 실험들을 고안하고 디자인을 스케치했음.

헤르츠는 실험 장치를 발신기와 탐지기로 나눠서 만들었어. 발신기는 전기 방전으로 불꽃을 생성하는 회로야. 발신기에서 나온 전자기파는 공간을 가로질러 탐지기에 닿겠지. 헤르츠는 탐지기의 전선을 둥글게 구부리고, 전선 끝에 작은 틈을 두었어. 전자기파가 고리에 닿은 뒤 그 틈을 지나면서 불꽃 방전을 일으키도록 말이야. 그런데 불꽃은 눈으로 확인하기에는 너무너무 작고 희미했어. 헤르츠는 실험의 고충을 이렇게 털어놓았어.

탐지기에 감지된 불꽃 방전은 현미경으로 관찰해야 할 정도로 작아, 겨우 100분의 1밀리미터쯤 될까 말까 한 길이였다. 그나마 수명도 100만분의 1초 정도로 짧았다. 이것을 관찰하기란 말도 안 되는 일로 거의 불가능한 듯 보일지도 모른다. 그러나 완벽하게 캄캄한 방에서, 눈을 충분히 어둠에 익힌 뒤 관찰하면 가능하다. 이 가느다란 불꽃의 존재에 우리 실험의 성공이 달려 있다.

12월 16일 _ 다시 실험을 시작해 이전에 부족했던 부분들을 메우기 시작했음.
12월 17일 _ 실험이 성공적으로 진행됨.
12월 21일 _ 하루 종일 실험을 했음.
12월 28일 _ 전기역학적 파동들의 효과에 대해 실험하고 관찰했음.

12월 30일 _ 파동의 효과를 좇아 강당 전체를 헤집고 다님.

12월 31일 _ 실험을 많이 해 지쳤음. 저녁에 장인 댁을 방문, 즐거운 마음으로 한 해를 돌아보았음.

이러한 헤르츠의 실험과 연구는 1889년까지 계속되었어. 헤르츠는 자신이 본 작은 불꽃의 성질을 조사하기 위해 몇 년 동안 씨름을 했지. 결국 이 파동이 빛의 속도로 움직이고, 빛의 성질을 띤다는 것을 확인했어. 빛처럼 반사하고 굴절하고, 편광 효과를 나타낸다는 것을 말이야. 빛은 전자기파다! 헤르츠는 맥스웰의 전자기 이론을 실험으로 증명한 거야. 그는 전자기파의 발견을 논문으로 써서 『물리학 연보』에 발표했어. 1892년에 「전자기 에너지의 전파에 관한 연구」를 통해 세상에 알렸지.

"얼마 전까지 전자기파는 어디에도 없었다. 그러나 잠시 후에 그것은 어디에나 있었다." 헤르츠가 전자기파를 발견하자 어느 과학자가 이렇게 말했어. 전자기파는 보이지 않았을 뿐이지, 없는 것은 아니었잖아. 헤르츠는 영국의 왕립학회에 초청되어 런던을 방문했어. 이곳에서 만난 톰슨은 "헤르츠의 전기에 대한 논문은 영원한 금자탑으로 남을 것"이라고 찬사를 아끼지 않았어.

그런데 헤르츠의 인생에 먹구름에 드리워졌어. 병원으로 쓰던 건물로 이사를 간 뒤로, 원인 모를 감기와 고열, 두통에 시달리기 시작했지. 처음에는 대수롭지 않은 병인 줄 알았는데 시간이 흐를수록 증상이 악화되었어. 1892년 크리스마스에 헤르츠는 극심한 고통을 호소했고, 그렇게 1년을 보냈지. 그다음 해인 1893년 크리스마스에 그는 깨어나지 못했어. 1894년 1월 1일, 그의 나이 겨우 서른여섯 살에 영원히 잠들고 말았어. 사망 원인이 병원균 감염에 의한 패혈증이었다는데 너무나 안타까운 죽음이었지.

'헤르츠의 전자기파 발견'은 과학책에 한 줄 나오는 문장이지만 그는 인생을 바쳐서 전자기학에 연구했어. 헤르츠는 죽기 전까지 자신이 발견한 전자기파가 어떻게 쓰일지 잘 몰랐어. 조금만 더 오래 살았더라면 전자기파의 실용화를 보았을 거야. 1895년에 이탈리아의 과학자 마르코니는 무선 통신 장치를 개발하고, 다음 해에 3킬로미터 떨어진 곳에서 무선 통신에 성공했어. 마르코니가 신호로 사용한 파동은 헤르츠가 실험실에서 찾아낸 것과 똑같은 것이었지. 이 파동은 외부로 '퍼져 나갔기'(radiated) 때문에 헤르츠파라는 이름 대신에 '라디오'(radio)파라고 불리었단다.

헤르츠가 발견한 전자기파는 빛(광파) 중의 하나였어. 빛은 파장에 따라 라디오파, 마이크로파, 적외선, 가시광선, 자외선, 엑스선 등으로 분류돼. 전파는 전자기의 힘에서 나온 파동이야. 파동의 성질을 결정하는 중요한 물리량은 파장, 주기, 진동수(또는 주파수), 진폭 등이지. 시간과 공간(위치)으로 파동을 설명하는 그림을 보면 쉽게 이해할 수 있어. 주기는 1회 진동하는 데 걸리는 시간이

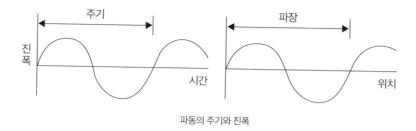

파동의 주기와 진폭

고, 파장은 1회 진동하는 데 걸리는 길이야. 파장이 길면 주기는 길어지고 진동수는 작을 수밖에 없지. 주기와 진동수는 역수 관계라고 할 수 있어. 진동수를 말하는 주파수의 단위가 바로 헤르츠(Hz)야. 1초 사이에 진동이 몇 번 반복되는지 횟수를 나타낸 것이지. 이제 라디오 AM과 FM에서 주파수를 알려 주는 아나운서의 목소리가 들려오면 헤르츠라는 과학자의 삶을 기억하길 바라.

4. 에너지는 형태만 변할 뿐, 사라지지 않는다

생명 활동은 에너지의 흐름

1760년에서 1830년 사이에 영국에서 산업 혁명이 일어났어. 산업 혁명의 중심에는 증기 기관이 있었지. 농사를 짓던 인류가 막강한 동력을 이용하여 산업을 일으킨 거야. 증기 기관은 나날이 발전해서 공장을 기계화했어. 또 증기 기관차를 제작하고 철도를 개설해서 철도의 시대를 열었어. 증기 기관을 파는 공장에서는 이렇게 광고를 했단다. "우리는 이곳에서 세상이 원하는 것을 팝니다. 바로 힘입니다!"

유럽인들은 증기 기관의 위력에 감복했어. 증기에서 나온 열이 기계를 움직이며 일을 하는 거야. 과거에 말이나 소가 했던 일과는 비교할 수 없을 정도로 강력했지. 사업가와 발명가들은 더 효율적인 증기 기관을 만들고 싶었어. 적은 양을 투입해서 무한한 양의 일을 얻을 수 있다면, 외부에서 연료를 투입하지 않아도 계속 돌아가는 기계를 만들 수 있다면, 얼마나 좋을까? 수많은 사람들이 이러한 영구 기관을 꿈꿨어.

산업 혁명의 시대에 증기 기관은 과학자들에게 영감을 불어넣었지. 과학자들은 증기 기관에서 나오는 힘의 성질을 연구했어. 그러다 자연의 모든 힘이 서로 연결된다는 생각에 이르렀어. 예를 들어 보자. 태양 빛은 따뜻한 열을 내. 증기 기관의 뜨거운 증기는 운동을 일으키고, 볼타의 전지에서 나온 화학적 힘은 전기를 만들어. 또 외르스테드의 실험에서 전기는 자기를 만들었어. 전기와 자기의 성질을 이용해서 발전기와 전기 모터를 돌릴 수 있잖아.

때는 1831년이었어. 패러데이는 한 강연에서 하나의 동력이 다른 것으로 변환되는 9가지의 실험을 선보였어. 그러고는 이렇게 말했지. "여기에서 내가 입증하고자 하는 주장은 열, 빛, 전기, 자기, 화학적 친화력, 운동과 같은 힘이 다른 것을 생성하거나 다른 것들로 변환될 수 있다는 것입니다."

패러데이가 발견한 것은 바로 에너지였어. 자연 세계를 연결하는 공통된 힘, 에너지는 '다른 물체의 운동을 변화시킬 수 있는 능력'이 있었던 거야.

자연에는 이러한 에너지가 무수히 많았어. 빛, 열, 전기, 자기, 화학, 소리, 중력 등이 모두 에너지였지. 하나의 에너지는 다른 에너지를 만들거나 다른 에너지로 바뀌었어. 그렇다면 아무것도 없는 데에서 새로운 에너지가 창조될 수 있을까? 밖에서 에너지를 공급하지 않아도 영원히 운동하는 영구 기관을 만들 수 있을까? 그건 불가능했어. 1840년에 패러데이는 수많은 실험을 근거로 이렇게 결론을 내렸어. "우리는 분명히 동력의 한 가지 형태를 다른 형태로 변화시키는 많은 과정들을 알고 있지만 어떤 경우에도 힘을 무로부터 창조해 낼 수는 없었습니다."

　세상은 에너지라는 힘으로 연결되어 있어. 그런데 에너지는 무에서 창조되는 것이 아니었어. 우주에 있는 에너지를 인간이 쓰기 좋게 바꿔서 이용했을 뿐이지. 우주의 에너지는 창조되거나 소멸되지 않고 그저 형태만 바뀌는 거야. 과학자들은 이러한 에너지 보존 법칙을 일찌감치 발견했어. 증기 기관의 열에너지부터 다양한 분야에서 실험과 이론적 증거가 나타났거든.

　그럼, 에너지 보존의 법칙을 발견한 과학자는 누굴까? 패러데이? 패러데이 외에도 11명이나 되는 과학자가 있었어. 1830년에서 1850년 사이에 12명이 동시에 에너지 보존 법칙을 발견한 거야. 과학사에서 유례를 찾아볼 수 없는 일이었지. 과학의 여러 분야에서 에너지 변환 과정에 대한 새로운 발견이 쏟아져 나왔고, 과학자들의 생각은 에너지 보존으로 수렴되었어. 대표적인 과학자들로는 파리의 사디 카르노, 기센의 유스투스 폰 리비히, 튀빙겐의

율리우스 폰 마이어, 맨체스터의 제임스 줄, 베를린의 헤르만 폰 헬름홀츠 등이 독자적으로 에너지 보존에 관한 논문과 기록을 남겼어. 그 밖에 윌리엄 톰슨과 루돌프 클라우지우스가 중요한 공헌을 했으니 당대의 내로라하는 과학자들은 거의 관여했다고 할 수 있단다.

그중에서 율리우스 폰 마이어는 특이한 경우였어. 그는 의사였는데 주변 환경을 보고 놀라운 통찰을 했어. 1840년에 마이어는 지금의 자카르타에 가기 위해 인도양을 항해 중이었어. 적도 지방에서 폭풍이 불어와 바닷물이 몹시 일렁였지. 마이어는 바닷물이 이전에 잠잠할 때보다 더 따뜻하다는 것을 관찰했어. 왜 그럴까? 파도를 일으킨 바람 때문일까? 바람이 운동 에너지를 전달해서 바닷물이 따뜻해진 걸까? 그의 생각은 더 깊어졌어. 모든 운동, 열, 화학 반응, 심지어 생명도 에너지의 활동이라는 결론에 도달했지.

마이어는 또 다른 사례를 발견했어. 배에서 의사로 일하면서 선원들의 상처를 치료하는 일이 잦았거든. 그때 이상한 점을 발견했어. 더운 지방에 사는 선원의 피 색깔이 유럽인과는 달랐던 거야. 원래 동맥에서 나온 피는 정맥보다 더 밝은 빨간색을 띠고 있어. 동맥은 심장에서 산소를 공급받은 신선한 피가 돌고 있기 때문이지. 그런데 선원들의 정맥피가 동맥에서 나온 피처럼 밝았어. 처음에는 동맥피인 줄 착각할 정도였지. 온대 기후의 대서양에서 적도의 인도양으로 올수록 사람들의 피 색깔이 점점 밝아지는 거야.

추운 지방에 사는 사람들의 피가 검붉다면 더운 지방에 사는 사람들의 피는 선홍색이었지. 이렇게 지역마다 혈액의 색에 차이가 나는 이유가 무엇일까? 더운 지역 사람들의 피가 밝다는 것은 산소가 많이 남아 있다는 증거야. 사람들은 호흡을 하면서 산소를 마시고 몸에서 연소를 시키잖아. 섭취한 음식을 태워서 열을 내고 몸을 움직이는 데 사용해. 더운 지방 사람들의 피에 산소가 아직 남아 있다는 것은 음식을 덜 태우고 열을 적게 내는 몸으로 적응했다는 거야. 고온 환경에서 물질 대사의 활동을 낮춰야 했기 때문이지. 마이어는 피의 색깔을 보고 몸에서 음식을 연소하고 열을 내는 대사 과정이 에너지의 변환 과정이라는 사실을 간파했어. 생명체에도 에너지 보존 법칙이 적용된다는 것을 말이지.

독일의 물리학자 헬름홀츠 역시 마이어와 비슷한 생각을 했어. 에너지를 살아 있는 생물에 적용한 거야. 그는 생리학 논문에서 동물 신체에서 나오는 열이 음식물의 산화라고 주장했어.

"인간의 기관과 증기 기관이 별반 다르지 않습니다.", "일이라는 개념은 인간이 하는 일과 동물이 하는 일을 비교해 볼 때 기계에도 적용될 수 있음이 분명합니다. 인간과 동물이 하는 일을 바로 기계가 대체해 주니 말입니다. 그래서 우리는 아직도 증기 기관이 하는 일의 양을 말이 하는 일(마력)을 기준으로 측정합니다."

이렇게 에너지는 생명 활동을 보는 관점을 바꾸었어. 생명 활동은 '에너지의 흐름'이었지. 생명도 에너지가 하나의 형태에서 다른 형태로 전환되는 과정이었던 거야.

열은 운동이다

과학자들에게 고민거리가 있었어. 에너지를 어떻게 측정할 수 있을까 하는 문제였지. 에너지와 힘의 관계를 정량적으로 나타내는 것은 어려운 문제였어. 에너지는 눈에 보이지 않았고, 종류도 다양했기 때문이야. 과학자들이 관찰할 수 있는 것은 에너지가 아니라 에너지의 변환이었거든. 예컨대 증기 기관의 열에너지는 운동 에너지로 바뀌고 힘든 일을 하잖아. 증기 기관이 일정한 양의 석탄을 소모하면 얼마만 한 무게를 주어진 높이만큼 들어올릴 수 있을까? 열에너지가 역학적 에너지로 변환되는 것을 정량적으로 계산하고 싶었지.

과학자들은 에너지가 일을 한다는 사실에 착안했어. 에너지가 얼마나 일을 하는지, 에너지가 해낸 결과인 '일'에 주목한 거야. 일은 힘의 척도, 그 힘에 의해 생기는 운동량, 역학적 효과라고 생각했어. 그리고 일(work)을 힘과 거리의 곱($f \times s$), 질량과 속도의 제곱과의 곱(mv^2) 등으로 나타냈어.

과학자들은 에너지를 '일할 수 있는 능력'이라고 정의했지, 그런데 이 정의는 에너지의 과학적 개념은 아니야. 오히려 에너지에 인간의 관점을 투영한 거지. 우리는 자연의 힘을 이용해서 노동력을 절약하고 에너지를 효율적으로 사용하길 원하잖아. 그래서 에너지를 인간의 일과 연결해서 정의한 거야.

에너지의 정량화에 크게 기여한 과학자는 제임스 줄(1818~ 1889)이었어. 줄은 맥주 사업으로 자수성가한 집안에서 태어났어. 그의 할아버지부터 아버지, 자신까지 3대에 걸쳐 양조업을 했어. 어려서는 집에 가정교사를 두고 공부했는데 그 가정교사가 원자설로 유명한 존 돌턴이었어. 줄은 커서 패러데이의 전자기 이론에 푹 빠져서 양조장의 장비를 전동기와 전열기로 개량하기도 했지. 그는 과학자로 불려도 손색이 없을 만큼 열과 운동에 대해 진지하게 연구하는 사업가였단다.

줄은 평생에 걸쳐 한 가지 연구 주제에 매달렸어. 열에너지가 어떻게 운동 에너지로 바뀌는지 정확하게 측정하는 거였어. 예를 들어 1파운드의 물을 화씨 1도 올리려면 정확히 얼마만큼의 일이 필요한지를 밝히는 거야. 줄은 일정한 무게를 가진 물체가 떨어지면서 발생한 일로 물의 온도를 높이는 장치를 만들려고 애썼어. 실험 장치를 수십 번 개량한 끝에 1845년에 '물갈퀴 달린 바퀴'를 발명했단다. 도르래가 위에서 아래로 떨어지는 역학적 힘이 물통 속의 막대를 회전시켜서 물의 온도를 높이는 장치였어.

이 장치를 가지고 줄은 열의 일당량을 계산했어. 1파운드의 물을 화씨 1도 높이는 데 필요한 열은 890파운드의 물체가 1피트의 높이에서 떨어지는 힘과 맞먹는다는 결과를 얻었어. 1파운드는

453그램이고, 890파운드는 400킬로그램이고, 1피트는 30센티미터거든. 알기 쉽게 말하면 500밀리미터 생수병의 물을 1°C 올리려면 400킬로그램을 30센티미터만큼 들어 올리는 데 필요한 에너지가 있어야 한다는 거야.

줄의 실험은 열과 역학적 일이 동등하다는 것을 증명했어. 줄은 평소에 이렇게 말하곤 했지. "실제로 자연 현상들은 역학적인 것이든 화학적인 것이든 생명이 있는 것이든 간에 공간, 활력, 열이 서로를 끄는 힘에 의해 지속적으로 상호 변화하는 것이 핵심입니다. 그렇게 해서 우주 속에서 질서가 유지되는 거죠. 이탈하는 것도 없고 사라지는 것도 없습니다." 줄은 이렇게 에너지 보존법칙을 정확하게 이해하고 있어서 에너지의 정량화에 성공할 수 있었어. 1847년에 이 실험을 연구 논문으로 작성해서 영국과학진흥협회에서 발표했어. 그곳에서 윌리엄 톰슨을 운명적으로 만났지.

당시에 대부분의 과학자들은 줄이 양조업을 하는 아마추어 연구자라는 선입견을 가지고 있었어. 그래서 줄의 논문을 대수롭지 않게 여겼지. 하지만 톰슨은 줄의 연구가 대단히 가치 있다는 것을 알아봤어. 맥스웰을 발굴했던 것처럼 말이야. 그는 줄의 실험이 "뉴턴 이래 물리학이 경험한 가장 위대한 개혁"이라고 평가했어. 이후에 줄과 톰슨은 열역학이라는 분야에서 학문적 동지가 되었지. 줄은 1850년에 「열과 운동의 등가성에 관하여」을 발표했고, 톰슨은 1851년에 「열의 동역학 이론에 관하여」라는 논문을 내놓

열과 일은 동일하다

보이지도 않고 있다가 사라지는 다양한 에너지를 측량하는
문제는 과학자들의 고민거리였다. 제임스 줄은 열 에너지를
운동 에너지로 바꾸어 정확히 측정하는 연구에 매달려 에너지의
정량화에 크게 기여했다. 추가 달린 도르래가 떨어지며
나무판이 달린 축을 회전시켜 물의 온도를 높이는 장치로
열의 양을 계산했다.

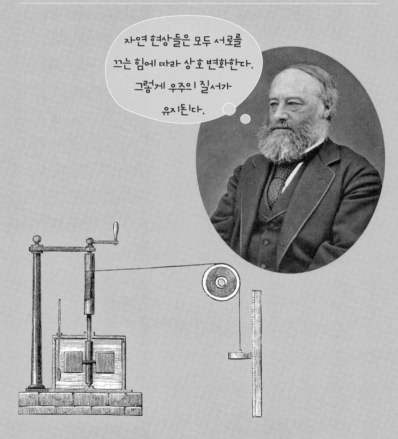

자연 현상들은 모두 서로를
끄는 힘에 따라 상호 변화한다.
그렇게 우주의 질서가
유지된다.

았어. 1854년부터 열의 동역학 이론은 '열역학'으로 불리게 되었단다.

열역학 법칙의 등장

독일의 과학자, 클라우지우스(1822~1888)는 줄의 연구에서 새로운 영감을 받았어. 줄에 의해 열과 일이 서로 변환되는 양이라는 것을 알았잖아. 물체에 해 준 일은 역학적 에너지로 전환되고, 다시 열에너지로 바뀌었지. 이렇게 열은 에너지를 전달하는 것이었어. 그런데 일이 열로 변환되는 과정에서 과학자들이 놓친 것이 있었어. 에너지 보존 법칙에 어긋나는 현상이 있었던 거야.

예를 들어 학교 담장이 허물어져 보수 공사를 했다고 해 보자. 벽돌을 새로 쌓느라 작업자는 힘겹게 노동을 하고 땀방울을 흘렸을 거야. 이때 쌓아 올린 벽돌은 그 자리에서 위치 에너지를 보존하고 있겠지. 그런데 작업자들이 흘린 땀방울의 열에너지는 어디로 갔을까? 그 열에너지는 공중에 흩어져 버리고 다시 되돌릴 수 없어. 이처럼 클라우지우스는 열이 일로 모두 변환되지 않는다는 것을 발견한 거야.

세상에 100퍼센트 효율을 가진 엔진은 만들 수 없어. 에너지의 일부는 이용되지 못하고 헛되이 버려지거든. 에너지 보존 법칙에서 에너지는 결코 창조되거나 소멸되지 않는다고 했으니, 흩어진 열이 없어지는 것은 아니야. 열의 일부는 흩어져서 일을 수행한 뒤에 다시 열로 되돌아가지 않을 뿐이지.

또 열은 뜨거운 물체에서 차가운 물체로 흘러. 열이 절대로 찬 곳에서 더운 곳으로 흐르지는 않아. 풍선을 불어 보면 알 수 있지. 빵빵하게 공기가 가득 찬 풍선을 놓으면 공기가 밖으로 퍼져 나가잖아. 공기가 풍선 안으로 흘러 들어가 풍선이 다시 커지는 일은 절대 일어나지 않거든. 이렇게 공기는 퍼져 나가는 경향이 있어. 엎질러진 우유도 사방으로 퍼져 나가고 흩어지잖아.

에너지가 이렇게 흩어지는 것을 클라우지우스는 '엔트로피'(entropy)라고 했어. 그리스어로 '변형'이라는 뜻의 엔트로피는 '흩어짐의 정도', '무질서도'를 말해. 열에너지가 뜨거운 물체에서 차가운 물체로 흐르는 경향을 엔트로피의 증가로 나타낸 거야. 1865년에 클라우지우스는 엔트로피라는 용어를 사용하자고 제안했어. 그리고 에너지 보존 법칙을 열역학 제1법칙, 엔트로피가 증가하는 경향성을 열역학 제2법칙으로 공식화했단다. 우주의 에너지는 일정하고 우주의 엔트로피는 점점 커져서, 우주는 항상 무질서가 커지는 방향으로 가고 있다는 거야.

열역학 제1법칙과 제2법칙은 일상생활에서 얼마든지 확인할 수 있어. 열역학 제1법칙 때문에 우리는 살빼기가 힘들지. 인간의 몸은 자연의 법칙을 따르고 있거든. 에너지는 창조되거나 소멸되지 않기 때문에 먹는 대로 살로 가는 거야. 음식물을 통해 몸으

로 들어온 화학 에너지는 일이나 운동을 하지 않으면 뱃살로 저장되고 말지. 다이어트하는 사람들에게 재앙과 같은 법칙이 바로 열역학 제1법칙이야.

열역학 제2법칙은 각자의 방을 치우지 않고 놔두면 어떻게 되는지를 보면 알 수 있어. 당연히 먼지가 쌓이고 뒤죽박죽 엉망이 되겠지. 방을 어질러 놓기는 쉽지만, 치우기는 무척 어려워. 왜 그럴까? 어지르는 것보다 청소하는 데 더 많은 에너지가 들기 때문이야. 집이나 방도 우주의 법칙을 따르고 있거든. 우주는 무질서해지는 속성이 있기 때문에 청소와 정리 정돈과 같이 무질서를 극복하기가 힘든 거야.

사실 과학책을 읽고 공부하는 것도 힘들잖아. 그건 공부하려고 뇌를 사용하면 에너지가 많이 들기 때문이야. 뇌의 무게는 전체 몸무게의 2퍼센트에 불과하지만 우리가 먹는 음식 에너지의 25퍼센트를 사용하고 있거든. 인간의 몸은 에너지를 최소화하는 것이 생존 전략이야. 운동하기 싫고, 청소하기 싫고, 생각하기 싫은 것에 다 이유가 있었던 거지. 이렇게 열역학 법칙을 쉽게 설명할 수 있지만 열역학 제2법칙의 엔트로피는 이해하기 어려운 개념이었어. 과학자들조차 혼동스러워했지. 엔트로피를 처음 정의한 클라우지우스도 그 의미를 알지 못했어.

오스트리아의 물리학자 볼츠만(1844~1906)이 엔트로피의 물리적 의미를 정확히 파악했지. 그는 톰슨과 줄 이후에 열 현상을 연구했어. 열은 운동이라고 했잖아. 열이나 운동이 모두 에너지의 한 형태라고 보았어. 줄은 에너지가 열의 형태로 바뀌고 전해진다는 것을 밝혔지만 열의 본질이 무엇인지는 알지 못했어. 열을 '원자들의 운동'으로 이해한 것은 바로 볼츠만이었지.

원자와 분자는 눈에 보이지 않은 작은 알갱이잖아. 당시에는 원자가 실제로 존재하는지에 대해 논란이 분분했어. 대부분 물리학자들은 원자의 존재를 믿지 않았지만 볼츠만은 원자가 실재한다고 생각하고, 열의 에너지 전달 과정을 원자들의 운동으로 나타냈으니 굉장히 앞서간 거지.

열은 우리가 느끼고 경험할 수 있는 현상이야. 반면에 원자나 분자의 운동은 우리가 감각할 수 없는 것이고. 열 현상이 거시 세계라면 원자의 운동은 미시 세계에서 일어나는 현상이지. 열은 엄청나게 많은 수의 원자들이 무작위로 움직이면서 발생하는 거잖아. 원자들은 예측할 수 없는 방식으로 운동하는데, 볼츠만은 이러한 원자 집단의 운동을 통계적으로 측정했어. 열 현상이라는 거시 세계와 원자 운동이라는 미시 세계를 통계역학으로 연결한 거야. 천재적인 아이디어라고 할 수 있지. 볼츠만은 통계역학을 창안해서 열의 정체를 분명히 밝혔어. 그 과정에서 엔트로피 공식이 나왔어.

S=klog W(S는 엔트로피, k는 볼츠만 상수, W는 주어진 거시 상태에 해당하는 미시 상태의 가능한 총수)

열은 뜨거운 곳에서 차가운 곳으로 흘러가잖아. 그 반대로는 가지 않아. 한 방향으로만 흘러간다는 거지. 시간도 마찬가지야. 시간도 한 방향으로 흘러가고 거꾸로 되돌릴 수가 없지. 열은 엄청나게 원자들이 많이 모여서 무작위로 움직이는 것이니까. 원자 하나하나의 움직임을 시간에 따라 되돌려서 추적할 수가 없어. 사방으로 흩어져 버린 열에너지를 모두 회수할 수는 없는 거야. 이것이 엔트로피의 증가를 뜻하는, 열역학 제2법칙이란다.

이렇게 물리학자들은 에너지를 수학적으로 풀어내는 과정에서 열역학 제1법칙과 열역학 제2법칙을 발견했어. 에너지라는 개념은 과학을 이어 주고, 통합하며, 새로운 아이디어를 제공했지. 에너지가 무엇인지를 연구하면서 통계물리학이나 양자역학과 같은 현대 물리학이 출현했으니까. 오늘날에 에너지는 물리학을 뛰

어넘어 화학과 생물학을 융합하고, 생명 현상을 설명하고 있어. 에
너지는 진정한 과학의 '빅 아이디어'야.

IV ——————— 진화

**장엄한
생명의 역사**

생물학 수업 시간에 꼭 배워야 하는 과학 개념은 무엇일까? "생물학에서 진화를 빼고는 이해되는 것은 아무것도 없다." 20세기의 위대한 생물학자 테오도시우스 도브잔스키는 이렇게 말했어. '진화'는 이 세상을 설명하는 가장 포괄적인 원리라는 거야. 진화를 이해하지 않고서는 자연 세계의 신비나 인간이란 존재를 이해할 수 없어. 그런데 우리의 고등학교 생물학 교과서에는 '진화'가 빠져 있었지. 그러다 2015년 교과 과정 개편으로 통합 과학 교과서에 '진화와 생물의 다양성'이 추가되었어. 무척 반가운 일이야.

우리는 지구에 사는 생명체란다. 지구에는 우리 말고도 다양한 생물들이 살고 있어. 지구라는 행성에 '왜' 우리가 살고 있는 것일까? 지구와 생물을 한번 연결해서 생각해 보자. 지구라는 행성에 처음부터 생명체가 살았던 것은 아니니까. 그러면 언제부터인가 지구에 생물이 출현했다는 거야.

지구에는 왜 생물이 있을까? 이것은 물리학에서 '사과는 왜 떨어질까?'와 같은 중요한 질문이야. 생물학에서 모든 것을 말해 주는 근본적인 질문이지. 생물은 뭐지? 왜 이렇게 다양한 생물들이 있지? 생물체 각 기관의 기능은 무엇일까? 생물들은 어떻게 숨 쉬고 먹고 살아갈까? 왜 생물은 태어나고 늙고 죽는 것일까? 이런 궁금한 질문들에 답하려면 우선 지구에서 왜 생물들이 사는지, 그것부터 찾아내야 해.

지구는 하나의 공간이고, 지구의 역사라는 시간을 거쳤어. 지구에서 살고 있는 생물은 이 시공간의 제약에서 벗어날 수 없어. 만약에 생물이 지구에 작용하는 자연의 법칙을 벗어날 수 있다면 생물이 초자연적인 존재가 되는 거잖아. 지구에 사는 생물이 중력의 법칙에 지배를 받지 않을 수 있을까? 그럴 수 없어. 물리학이나 화학에서 나오는 과학의 법칙은 생물학에도 동일하게 적용이 돼. 우리는 이것을 보고, '과학에 보편적 원리'가 있다고 말해.

생물학에서 이러한 보편적 원리는 다윈의 진화론이야. 지구에 왜 생물이 있을까? 다윈은 그 '왜'라는 질문에 대해, 생물들은 '진화했다'고 답했어. 지구에 사는 모든 생물과 생명 현상은 진화의 산물이라는 거야. 우리가 어떻게 직립 보행을 하고 뇌가 커졌는지, 고래가 왜 바다에서 살게 되었는지는 진화론을 통해 이해할 수 있어.

진화론은 과학 교과서에서 배우는 과학 개념 그 이상의 의미를 갖고 있단다. 지금으로부터 150여 년 전인 1859년 다윈의 『종의 기원』이 출간되고 나서, 우리는 자신이 왜 지구에 존재하는지를 알았어. 기적과 같이 최초의 생명체가 출현하고, 그 생명체에서 진화한 수많은 생물들이 죽고 태어나기를 반복하면서 우리라는 존재, 호모 사피엔스에 다다른 거야. 『종의 기원』의 마지막 문단에서 다윈은 "이러한 생명관에는 장엄함이 있다."고 말하지. 진화론을 배우며 생명의 장엄함을 느꼈으면 좋겠어. 다윈의 목소리를 직접 들어 보자.

"자연의 전쟁으로부터, 기근과 죽음으로부터, 우리가 상상할 수 있는 가장 고귀한 것, 즉 더욱 고등한 동물이 직접 생성되어 나온다. 이러한 생명관에는 장엄함이 있다. 최초에 소수의 형태 혹은 하나의 형태에 갖가지 능력을 지닌 생명의 숨결이 불어넣어졌다. 행성이 고정된 중력의 법칙에 따라 영원히 돌고 도는 동안, 이토록 단순한 시작으로부터 너무나 아름답고 너무나 멋진 무한한 형태가 진화해 나왔고, 지금도 진화하고 있는 것이다".

1. 누가 신의 창조를 부인하는가?

창조론자에서 진화론자로

400여 년 전까지 우주의 중심은 지구였어. 1543년 코페르니쿠스는 지구가 우주의 중심이 아니라는 가설을 발표했지. 절대 발설해서는 안 되는 비밀을 말한 것처럼 코페르니쿠스는 은밀하게 『천구의 회전에 관하여』라는 책을 출간하고 숨을 거두었어. 그 후에 뉴턴이 태양계에서 지구가 태양 주위를 돈다는 사실을 밝혔어. 코페르니쿠스에서 뉴턴까지 100년이 넘는 시간이 걸렸지. 다시 200년이 지나 19세기까지 누구도 신이 우주를 창조했다는 것에 대해 의심하지 않았어. 그 위대한 뉴턴도 언제 신이 우주를 창조했는지를 궁금해했으니까.

학자들은 성경을 보고 우주가 창조된 시점을 알아내려고 노력했어. 창세기에서 아담, 선지자, 왕의 족보를 역추적해서 시간을 더하는 방법으로 말이야. 케플러는 그렇게 계산해서 기원전 3999년에 신이 우주를 창조했다고 주장했어. 가장 정밀한 것으로 인정받는 계산은 1624년에 나왔지. 아일랜드의 대주교였던 제임스 어셔는 기원전 4004년 10월 22일, 더 정확히는 오후 6시에 창조되었다고 발표했단다.

어셔 주교의 날짜 계산은 1710년 영국 국교회에서 공식적으로 인정되었어. 이것은 성경의 킹 제임스 번역본에 기록되어 20세기까지 전해졌어. 영국 국교회가 공인하는 우주와 지구의 나이는 6000년이었던 거야. 찰스 다윈은 국교회 성직자가 되려고 1827년 케임브리지 대학에 진학했지. 열아홉 살의 다윈은 정통 기독교 신자였어. "나는 성경에 나오는 모든 표현의 문자적 의미를 추호도 의심하지 않았다."고 말했으니까.

케임브리지 대학을 졸업한 다윈은 비글호 탐험 여행을 갔다가 왔어. 1831년 12월부터 1836년 10월까지 5년 동안 세계를 한 바퀴 돌고 온 거야. 그런데 남아메리카와 갈라파고스의 지형과 생물종을 관찰하고 신에 대한 믿음이 흔들리기 시작했어. 진정 신이 이토록 많은 생물들을 창조한 것일까? 고대 그리스의 철학자 아리스토텔레스가 말한 대로 종은 고정되어 있는 것일까?

다윈이 발견한 화석들은 구약 성서의 창조론으로 설명이

불가능했어. 아무리 노아의 홍수와 같은 천재지변이 일어나 지구의 생명체를 모두 멸종시키고 새로운 종을 탄생시켰다고 해도, 지구 나이 6000년은 너무나 짧은 시간이었어. 앞으로『비글호 항해기』에 대해 좀더 이야기하겠지만 다윈이 탐험 여행을 끝내고 영국에 돌아왔을 때는 더 이상 창조론자가 아니었어.

다윈은 생물종이 창조되거나 고정되어 있다는 생각을 버렸어. 생물종은 계속 변하고 새로운 종이 탄생하는 '종 분화'가 일어나는 것 같았지. 바로 '진화론'이 다윈의 마음속에 자리잡았단다. 지구의 모든 생물들은 창조된 것이 아니라 진화의 과정에서 우연히 출현했음을 깨달은 거야. 문제는 진화론이 신의 존재를 부정한다는 거였지. 지구의 생물들이 진화해서 출현했다면 신이 필요 없어지니까. 종교적 신념을 거스르는 진화론 때문에 다윈은 번민의 나날을 보내고 있었어.

비통하고 잔인한 상실

1851년 다윈의 인생에서 가장 혹독한 시련이 찾아왔어. 열살을 갓 넘긴 큰딸 앤이 열병으로 위독한 상태에 빠진 거야. 다윈의 아내 에마는 신이 딸을 지켜 줄 것이라고 굳게 믿었어. 에마는 앤의 곁에서 떠나지 않고 간절히 기도하고 기도했지. 그런데 어린 앤의 의식은 점점 꺼져 갔어. 다윈은 흐느끼며 조용히 임종의 시간을 기다렸어. 이때 시인 앨프리드 테니슨이 친구가 세상을 떠난 뒤에 쓴 〈추도하며〉(*In Memoriam*)의 한 구절이 떠올랐지.

신과 자연은 다투고 있는가
자연이 그런 악몽을 주고 있느니?
자연은 종자에 관하여는 그리도 세심하면서
일개 생명에는 그리도 무심한가

4월 24일 부활절, 낮 12시에 앤은 숨을 거두었어. 다윈은 아이의 작고 야윈 얼굴에 마지막으로 입을 맞추었어. 하늘에서는 비가 내리고 땅은 흠뻑 젖어 들었어. 하늘과 땅이 그의 비통한 눈물을 조롱하는 듯했지. 병마가 딸의 생명을 빼앗아 가는 것을 무력하게 지켜볼 수밖에 없었으니까. "자연은 아무도 돌보지 않는구나, 신도 인간을 돌보지 않고……."

신은 존재하는 것일까? 신이 인간을 창조했다면 신의 뜻은 무엇일까? 선량한 내 딸의 죽음이 신의 뜻인가? 신이 있다면 왜 이러한 일이 벌어지는가?

앤이 죽을 이유가 있었던가? 이 착한 아이는 세상에서 벌받을 어떤 짓도 하지 않았는데……. 딸이 죽어가는 모습을 지켜본 아비로서 다윈은 기독교에서 말하는 죽음의 의미를 곱씹었어. 자연이 어찌 이토록 잔인하단 말인가!

앤의 죽음은 자연에서 일어난 비극적 우연이었어. 그러면 자연은 올바르고 공정한가? 착한 사람에게 좋은 일을, 나쁜 사람에게 벌을 주는가? 다윈은 이러한 의문이 들었어. 그는 삶의 비통함에 가슴이 저려 왔어. 누구는 장애아로 태어나고 가난에 내몰리고. 세상은 참으로 불평등하다! 우연히 일어난 자연의 폭압이 인간의 삶을 지배하고 있다는 것을 인정할 수밖에 없었지. 사실 신에 대한 믿음이 이러한 고통을 해결하는 것도 아니야. 우리는 그저 신이 지켜 줄 것이라 믿고 매달리는 것뿐이지. 그것밖에 할 수 없으니까.

앤이 죽고, 다윈에게 한 가닥 남아 있던 희망마저 사라졌지. 우주에 인간을 돌봐 주는 신은 없어. 지난 10여 년 동안 진화론을 가슴에 품고 고민했던 날들이 아프게 다가왔지. 다윈은 이제부터 믿고 싶은 대로 세상을 보는 것이 아니라 있는 그대로 세상을 보자고 마음먹었어. 딸의 죽음을 받아들이고 담대하게, 그리고 자유롭게 신앙에서 벗어나 진화론을 연구하기로 결심했단다.

신은 창조하고 린네는 분류하고

꽃은 아름다워. 다윈은 다양한 식물에서 피어난 꽃을 좋아했어. 늘 특별하고 다정하게 식물을 대하고 연구했지. 다윈은 식물에 대한 책도 많이 썼어. 여섯 권의 책에 70여 편의 논문을 출간했으니까. 갈라파고스 제도에서는 200종이 넘는 식물 표본을 수집하기도 했어. 특히 식물의 짝짓기, 즉 생식 과정인 '수분'에 관심이 있었어. 수분은 수술에 있는 꽃가루가 암술에 붙어, 씨와 열매를 맺도록 하는 현상이야.

18세기에 린네가 처음으로 "꽃들은 성기(암술과 수술)가 있다."고 주장했어. 그리고 꽃들은 같은 개체의 수술과 암술에서 꽃가루받이를 한다고 했지. 오늘날의 용어로 '자가 수분'을 한다고 말이야. 그런데 모두가 충격에 빠졌어. 식물이 동물처럼 암수의 성이 있고 유성 생식을 한다는 사실에 놀라움을 금치 못했어. 꽃의 향기를 좋아하면서도 왜 벌이 날아다니고 꽃가루가 날리는지 몰랐던 거지.

잠깐, 린네의 분류학 이야기를 해 보자. 17세기에 과학 혁명이 일어나고 동식물에 대한 관심이 크게 높아졌어. 우리는 린네를 분류학의 창시자로 알고 있는데 린네에 앞서 분류 체계를 만든 존 레이(1627~1705)가 있었어. 그는 1686년에 『어류의 역사』를 출간하고 1686년, 1688년, 1704년에 『식물의 역사』 세 권을 엮어서 냈지. 그는 또한 영국의 왕립학회에서 동물과 식물에 대해 많은 연구 결과를 발표했어. 서식지, 분포, 형태학, 생리학을 바탕으로 1만 8000가지의 종을 분류했는데 이것이 자연계를 분류한 최초의 시도였단다. 린네는 레이의 분류 체계와 종 개념을 수용했어.

린네는 어려서부터 '꼬맹이 식물학자'로 불릴 정도로 식물을 좋아했어. 서른도 채 안 된 나이에, 답사 여행에서 채집한 식물을 분류해『자연의 체계』를 출간했어. 이때가 1735년이었는데 무려 20여 년 동안 계속 보완해서 1758년에『자연의 체계』10판을 완성했지. 엄청 꼼꼼하고 세심했던 린네는 책을 180여 권이나 남겼어. 그중에서 1753년에 나온『식물의 종』은 가장 위대한 업적으로 평가받고 있단다. 이 책에서 린네는 두 개의 단어로 생물의 이름을 나타내는 이명법을 선보였어.

이명법은 린네의 독창적인 아이디어는 아니야. 코끼리물범이나 오리너구리처럼 두 단어를 합쳐서 한 종의 이름으로 쓰인 사례가 있으니까. 린네는 이것을 응용해서 이명법 체계를 만든 거야. 먼저 각각의 생물마다 '종명'을 찾아서 붙였어. 그런 다음 서로 비슷하게 생긴 종끼리 묶어서 '속명'을 부여했어. 그렇게 생물종에 속명과 종명을 이어서 쓴 거야. 또다시 린네는 비슷한 속끼리 묶어서 '과'를 정하고, 비슷한 과끼리 묶어서 '목'을 정했어. 우리가 오늘날 알고 있는 계, 문, 강, 목, 과, 속, 종의 분류 체계를 만든 거야.

린네는 이러한 분류 체계로『식물의 종』을 출간하고, 이듬해에『식물의 속』을 연달아 출간했단다. 그리고 식물에서 척추동물, 무척추동물까지 범위를 확대했지.『자연의 체계』10판은 책 분량이 자그마치 3000페이지에 이르는 백과사전이 되었어. 지구의 모든 생물을 분류하는 과정에서 위계질서가 있는 생물의 계통도가 자연스럽게 그려졌지. 아리스토텔레스의 '존재의 대사슬'과 같은 피라미드 모양의 분류 체계가 완성된 거야.

초창기에 린네는 아리스토텔레스의 세계관에 동조했어. 현재 우리가 보고 있는 생물종은 신이 창조한 것이라고 믿었지. 그런데 말년에 접어들면서 이러한 세계관이 흔들리기 시작했어. 생물들 사이에서 무수한 잡종과 변종이 관찰되었거든. 새롭게 발견되는 생물체가 셀 수 없이 많았어. 딱정벌레 하나만 해도 수천, 수만 종류의 변종이 발견되었지. 한 가지 형태의 생물에 왜 그렇게 변종이 많을까? 하느님이 왜 그렇게 다양한 종의 딱정벌레를 창조하신 것일까? 하느님이 유독 딱정벌레만 사랑하신 걸까? 린네는 분류학을 연구할수록 존재의 대사슬에 대한 의심이 생겼지만 감히 신의 창조를 부인할 수는 없었어.

다윈에게 꽃의 의미는?

린네 이후에 100년이나 지난 식물학은 여전히 전통적인 방식을 고수하고 있었어. 식물들을 관찰하고 분류하고, 명명하는 것이 전부였던 거야. 다윈은 린네의 분류학에 불만이 많았어. 식물의 구조와 형태만 관찰할 것이 아니라 왜 그런 구조를 갖게 되었는지 원인에 대해서도 연구해야 한다고 생각했어.

다윈은 린네가 식물이 자가 수분만 한다고 말한 것이 잘못되었다고 비판했어. 우리는 식물을 느끼지도 못하고 움직이지도 못하는 수동적인 존재로 여기는데 그렇지 않다는 거야. 만약에 식물이 다른 개체와 타가 수분을 하지 않고, 자기 개체 안에서 자가 수분만 한다면 그건 일종의 근친 교배니까.

"만약에 식물이 진화하려면 타가 수분이 필수적이지. 그렇지 않으면 아무런 변화도 일어나지 않고, 세상은 단 한 종의 자가 수분 식물로 가득 찰 수밖에 없어. 그러나 실상은 어떻지? 세상에는 엄청나게 다양한 종들이 공존하고 있잖아."

다윈은 이렇게 추론하고는, 자신의 이론을 검증하는 작업에 착수했어. 진달래와 철쭉 등 다양한 꽃들을 절개하여 분석했지. 상당수의 꽃들은 벌과 나비 같은 곤충을 꽃가루 매개자로 이용하고 있었어. 꽃은 타가 수분을 선호하고, 이를 촉진하기 위해 다양한 장치들을 갖게 된 거야. 꽃은 다양한 형태와 색깔, 향기, 꿀로 곤충을 유인하고 바람을 이용하는 데 적합하도록 진화했어.

우리는 꽃의 아름다움에 넋을 놓고 쳐다보잖아. 꽃들 사이로 나비와 벌이 윙윙거리며 날아다니는 광경은 한 폭의 그림과 같지. 그런데 식물의 세계에서는 이 순간이 번식을 위해 애쓰는 '필사적인 삶의 현장'이야. 꽃은 인간에게 사랑받기 위해 존재하는 것이 아니지. 꽃은 저마다 생물학적 기능을 하고 있어. "아름다운 꽃은 창조자의 손길과 무관하며, 수십만 년에 걸쳐 축적된 우연과 선택의 결과물로 이해해야 한다." 이것이 다윈이 생각하는 꽃의 의미야. 꽃을 진화의 산물로 봐야 한다는 거지.

다윈은 린네의 식물학과 분류학을 진화적 관점으로 보고,

생물의 체계와 진화의 실마리

린네는 수많은 생물을 관찰하여 체계적으로 분류했다.
다윈은 린네의 식물학과 분류학을 진화적 관점으로
새롭게 보았다.

린네

만약 생물이 창조되었다면
서로 연결된 위계적 구조는
나오지 않을 것이다.

다윈

린네의 분류 체계가 의미하는 것을 이해했어. 바로 생물의 분류가 계층적이라는 거야. 생물들은 서로 비슷한 특징을 공유하면서 위계적으로 분류할 수 있어. 예를 들어 고양이와 개를 보자. 서로 종은 다르지만 얼굴이 있고, 다리가 네 개고 털이 있는 포유동물이야. 고양이와 개가 비슷하게 생긴 것처럼 인간과 원숭이는 영장류인데 서로 비슷하게 생겼어. 분류 체계에서 생물들은 서로 중첩되고 연결되었다는 것을 보여주고 있어. 이것을 생물학적 용어로 유연 관계라고 해. 만약 종이 개별적으로 창조되었다면 이렇게 연결될 이유가 없어. 린네의 분류 체계가 진화의 강력한 증거였던 거야.

만약에 장난감 피규어를 분류한다고 생각해 보자. 예를 들어 크기에 따라 분류할 수 있고, 같은 크기 중에서 등장한 작품에 따라 분류할 수도 있어. 다시 같은 작품 중에서 색깔에 따라 분류할 수도 있을 거야. 이렇듯 분류를 하는 방법은 무수하게 많아. 모든 수집가들이 동의하는 하나의 분류 체계는 존재하지 않잖아. 그런데 생물종은 어떤 생물학자가 분류해도 린네의 분류 체계와 비슷한 결과를 얻을 수 있어. 만약 생물들이 창조되었다면 서로 연결된 위계적 구조는 나오지 않을 거야. 다윈은 분류학을 연구하면서 진화의 실마리를 찾았어. 공통의 조상에서 진화했기 때문에 서로 공통된 특징에 따라 무리 짓고 나눌 수 있었다는 거야.

2. 지구의 나이는 몇 살일까?

측량 기사 스미스, 영국 지질학의 아버지가 되다

    지구에는 다양한 생물들이 살고 있었어. 생물들은 변하지 않는다? 생물들은 언제나 그곳에 존재한다? 생물들은 일단 등장한 이후 사라지지 않는다? 확실하다고 믿었던 마침표의 문장은 점점 물음표로 변해 갔어. 생물들은 변했고, 항상 그곳에 있지 않았고, 사라져 버리는 것 같았거든. 게다가 새롭게 발견되는 생물종은 점점 많아졌어. 화석으로 발견되는 과거의 생물까지 포함하면 지구의 역사에 어떤 일이 벌어졌는지 의문점이 한두 가지가 아니었지. 생물의 다양성은 상상을 초월할 정도였거든.

    1760년대에 새로운 학문인 '지질학'(geology)이 탄생했어.

우리 주변에서 발견되는 암석과 지층, 화석이 지구의 구조와 형성 과정을 알려 주고 있었어. 과거 생물에 대한 수수께끼를 풀 수 있는 단서도 지구에 묻혀 있었지. 지구와 생물이 창조되었다고 믿는 사람들에게 지구 나이는 6000살이었지만 지질학자들은 이것을 믿지 않았어. 지구의 역사는 성경과 같이 인간이 기록한 역사보다 오래된 것이 확실했지. 화석에서 우리가 본 적 없고 어떤 기록에도 나오지 않은, 멸종한 생물들이 발견되었거든. 그렇다면 지구는 정확히 몇 살일까? 지구 나이는 17세기 이래로 과학에서 가장 뜨거운 논쟁거리였어.

지질학에서 과학적 성과는 전혀 예기치 못한 곳에서 나왔어. 대학이나 자연사 박물관이 아니라 공사 현장이었지. 영국에서 지질학의 아버지로 불리는 윌리엄 스미스는 지질학자가 아니라 측량 기사였어. 바야흐로 18세기 영국은 산업 혁명으로 광산 개발이 한창이었단다. 석탄을 파내고 운반하기 위해 전국적으로 운하가 건설되었어. 측량 기사였던 스미스는 탄광에서 일하면서 암석에 뚜렷한 층이 나타난다는 것을 발견했어. 지층을 여러 곳 파 보았는데, 그 단면이 비슷했던 거야.

소년 시절부터 스미스는 화석에 관심이 많았어. 지층 절단면에서 나오는 다양한 화석을 가지고 암석 지층의 특성을 파악할수 있었지. 지구 표면의 지질 구조를 파헤치면 실용적으로 얻는 지식이 있었어. 어떤 화석이 나오면 어떤 광물이 나오는지 알 수 있

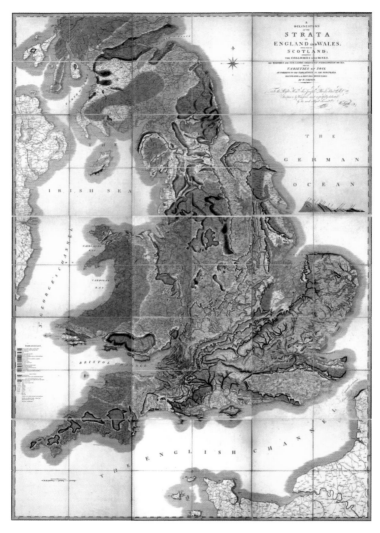

〈영국 지질도〉. 측량 기사였던 스미스는 영국 각 지방의 다양한 암석 지층을 관찰하고 지질도를 완성했다.

고, 암석층이 얼마나 오래되었는지도 알 수 있었거든. 이곳, 저곳의 지층 단면을 조사했더니 땅속의 지층이 연속적으로 이어져 있다는 것을 추적할 수 있었어.

　　스미스는 1787년 열여덟 살에 보조 측량 기사로 사회에 첫 발을 내디뎠어. 그는 20대와 30대에 영국의 각 지방을 돌며 조사원으로 일했지. 이때 관찰한 자료를 가지고 1815년에 세계 최초의 지질도인 〈영국 지질도〉를 제작했단다. 그림과 같이 스미스가 손수 채색한 지질도는 여러 색을 이용해 다양한 암석을 표현하고 있어. 지하 땅속에 겹겹이 쌓여 있는 시간의 흐름이 암석 지층을 따라 선

명하게 드러난 것을 확인할 수 있지. 이 지질도는 광업의 잠재적인 가치를 보여 주는 좋은 자료였을 뿐만 아니라 지질학자들에게도 큰 영감을 주었단다.

화석은 지질학적 시간을 품고 있는 귀중한 자료야. 1840년 대에 이르러 특정 화석을 이용해서 지질 연대표가 만들어졌어. 고생대에 삼엽충, 중생대에 암모나이트와 공룡, 신생대에는 매머드나 화폐석과 같이 시대별 표준 화석을 찾았어. 삼엽충이 나오면 고생대이고, 암모나이트가 나오면 중생대이고, 매머드가 나오면 신생대라는 것을 알았어.

이렇게 화석과 시간을 연결하는 것에는 놀라운 사실이 숨어 있었어. 특정한 지질학적 환경에 특정한 생물이 살고 있었다는 거야. 또 어떤 생물이 잘 살다가 갑자기 없어져서 다시 나타나지 않았다는 것을 의미했어. 중생대에는 고생대의 삼엽충이 사라지고 새로운 생물종인 암모나이트가 출현했다는 거지. 왜 이런 일이 일어났을까? 그 많던 생물종이 왜 멸종하고, 새로운 생물종은 어떻게 출현했을까? 궁금할 수밖에 없었어.

멸종은 지질학자나 생물학자들에게 어려운 숙제를 안겨 주었어. 신의 창조에 의해 종이 고정되어 있다면 새로운 종이 출현해서도 안 되고 멸종해서도 안 되거든. 그런데 암석 지층을 더 깊게 파헤칠수록 더 많은 멸종 생물이 나타났어. 1796년 프랑스의 고생물학자 퀴비에(1769~1832)는 시베리아에서 매머드의 화석을 발견했어. 매머드는 발견 당시에 코끼리의 뼈로 추정되었다가, 완전히 다른 멸종된 종이라는 것이 밝혀졌지.

멸종은 부인할 수 없는 사실이었어. 퀴비에는 파리 식물원의 자연사 박물관에서 동물 뼈를 주로 연구했는데 동물을 해부해서 뼈의 생김새를 비교해 보니 서로 비슷했어. 그는 동물 뼈를 가지고 분류하는 비교해부학이라는 학문을 만들었어. 뼈 하나만 보고도 어떤 생물인지를 알아맞힐 수 있는 재능이 있었거든. 동물의 골격을 세워 보니 하마와 고래가 서로 가까운 관계라는 것을 알 수 있었어. 매머드, 공룡, 마스토돈, 익수룡과 같이 멸종된 동물 화석에 비교해부학을 적용해 본 거야. 이렇게 퀴비에는 살아 있는 동물과 멸종된 동물을 하나의 체계로 연구하는 고생물학이라는 분야를 개척했단다.

멸종된 동물이 발견될 때마다 성경에 나오는 노아의 홍수로 설명하는 것이 궁색할 지경이었어. 지구에서 멸종이 한두 번 일어난 것이 아니었기 때문이지. 퀴비에는 천재지변이 반복적으로 일어났다는 '격변설'을 주장했어. "지구는 역사적으로 반복적인 재앙을 겪었습니다. 적어도 스물여섯 차례에 이르는 대홍수가 일어났던 것으로 보입니다. 화산 폭발과 지진 역시 모든 생물들을 파괴할 정도로 강력했어요. 이런 끔찍한 사건이 일어날 때마다 하느님의 창조물이 영원히 사라졌습니다. 그러나 그때마다 지구는 새롭게 창조된 종이나 지구의 다른 지역에서 옮겨 온 동물들로 다시 채워졌습니다."

퀴비에는 이렇게 말했지만 고생물을 연구하면서 현생종인 코끼리와 멸종된 매머드가 비슷한 골격을 가졌다는 것을 알았지. 왜 매머드가 멸종되고, 코끼리가 창조되었을까? 왜 하느님은 완전히 다른 생물종을 창조하지 않고 비슷한 코끼리를 창조한 것일까? 이런 의문이 들었을 텐데 더 이상은 파고들지 않고 격변설과 창조론을 고집했어.

한편, 퀴비에의 격변설을 반대하는 사람이 있었어. 지구가 6000년 동안 천재지변에 시달렸다는 것이 이상했으니까. 영국의 지질학자 제임스 허턴(1726~1797)은 현재의 지구 환경을 보면 지구 나이 6000년이 터무니없이 느껴졌어. 그는 이탈리아를 여행하면서 로마 시대의 도로를 보고 놀랐어. 건설된 지 2000년이 지났지만 도로는 여전히 깔끔하고 충분히 사용할 만했거든. 6000년이 아니라 1만 년도 견딜 수 있을 것처럼 보였지. 로마 시대의 도로만 보

식카 포인트. 수직의 암석층 위에 수평의 암석층이 놓였다.

더라도 지구 나이 6000년은 너무나 짧은 시간이었어.

1788년 허턴은 스코틀랜드의 남동 해안길을 따라 여행하다 아주 인상적인 곳을 발견했어. 바로 식카 포인트의 암석 지층이야. 이곳은 놀랍게도 수직의 암석층 위에 수평의 암석층이 놓여 있었어. 아래에 있는 수직 암석층은 수평의 암석층보다 훨씬 오래된 것인데 어떻게 이런 모양을 하고 있을까? 아마 아래의 수직 암석층은 원래 수평이었겠지. 흙이나 모래, 돌멩이가 수평으로 퇴적되었을 테니까. 그러다 시간이 지나면서 지구 내부의 거대한 힘과 압력으로 점차 90도로 기울어졌을 것이고, 그 위에 다시 흙이 쌓여서 수평 지층이 형성되었을 거야. 이렇게 생성 시기가 다른 암석이 쌓여 있는 지질 구조를 부정합이라하는데, 지금은 이 지역을 '허턴의 부정합'이라고 해.

식카 포인트처럼 암석 지층이 형성되려면 얼마나 시간이 걸릴까? 허턴은 이곳의 경사 부정합을 보고 이 생각을 했어. 딱 보아도 엄청나게 긴 지질학적 시간이 필요해 보였거든. 아주 느리고 지속적으로 같은 작용이 진행되어야 저런 지층이 만들어질 수 있어. 이때 허턴의 머리를 스친 아이디어는 '동일 과정설'이었어. 지구의 어제는 오늘과 같았을 거야. 작년의 날씨는 올해에도 반복되고, 10년 전이나 100년이나 지구에서 일어나는 물리적 작용은 거의 같았을 테니까.

지질학적 변화는 과거에도 현재에도 같은 방식으로 일어났어. 암석은 오랜 시간 물과 바람에 깎여서 부서지잖아. 다시 모래 알같이 부서진 것이 쌓여서 새로운 암석이 될 테고. 이렇게 작은 변화들이 아주 긴 세월 동안 모여서 큰 변화를 일으킨 거야. 허턴은 점진적 변화를 지지하며 동일 과정설을 주장했어. 동일 과정설은 격변설과는 완전히 상반된 관점에서 지구의 역사를 바라보았지. 그런데 안타깝게도 허턴의 주장은 거의 주목을 받지 못했단다.

라이엘의 『지질학의 원리』

동일 과정설이 알려진 것은 찰스 라이엘(1797~1875) 덕분이었어. 라이엘은 우연한 기회에 지질학에 관심을 가지게 되었어. 부모님의 뜻에 따라 변호사 공부를 하다가 옥스퍼드 대학에서 윌리엄 버클랜드 목사를 만난 거야. 윌리엄 버클랜드는 메갈로사우루스의 이빨 화석을 발견해서 최초의 공룡 발견자로 유명해진 분이었어. 당시 라이엘은 허턴의 동일 과정설에 관한 책을 읽고, 버클랜드의 광물학 수업을 들었지. 버클랜드는 수업 시간에 퀴비에의 격변설을 가르쳤지만 라이엘은 그걸 받아들이기에는 이상한 점이 많았거든.

오히려 1818년 스무 살의 라이엘은 유럽 여행을 가서 지질학과 허턴의 동일 과정설에 빠져들었어. 지형을 연구하면 할수록 점진적인 변화가 옳다는 확신이 들었던 거야. 1828년에 라이엘은 이탈리아로 탐사 여행을 떠났어. 나폴리 근처의 로마 유적지와 시칠리아의 에트나산에서 강렬한 영감을 받았지. 그 탐사 여행에서 돌아와 1830년에 『지질학의 원리』 1권을 출간했는데 대중의 폭발적인 호응을 얻었어. 라이엘은 글을 잘 썼거든. 1권의 성공에 힘입어 1832년에 2권, 1833년에 3권이 나왔어. 다윈이 비글호 항해 중에 참고했던 바로 그 책이야. 라이엘은 이 책을 통해 허턴의 동일 과정설과 지질학이라는 학문을 널리 알렸어.

『지질학의 원리』 첫판부터 겉표지가 아주 특이했어. 로마 시대의 유적지 세라피스 신전이 그려져 있었거든. 서기 2세기 로마 시대에 세워진 세라피스 신전은 1750년에 발굴되었지. 라이엘은 1828년 포추올리 마을 해변에서 이 신전을 보는 순간, 전율을 느꼈어. 입에서 "바로 이거야!" 하는 감탄이 흘러나왔지. 신전에 남아 있는 세 개의 기둥에는 멀리서 봐도 알 수 있는 검은 띠가 있었단다. 좀 더 가까이 가서 확인해 보니, 그 검은 띠는 받침대에서 4미터쯤 위부터 구멍이 숭숭 뚫려 있는 흔적이었어.

라이엘은 기둥에 난 구멍의 의미가 무엇인지를 단박에 알아봤어. 나폴리만 전역에서 발견되는 해양 조개들이 뚫어 놓은 구멍과 똑같았거든. 그리스어로 '돌 먹는 자'라는 뜻의 '리토파가'라는 이름을 가진 조개가 바닷물 속에서 대리석 기둥에 달라붙어 구멍을 만들어 놓았어. 신전이 오랫동안 바닷물에 잠겨 있었다는 증거였던 거야.

신전 기둥의 검은 띠를 보고 라이엘은 이렇게 추론을 했어. 신전은 처음에 당연히 땅에 세워졌겠지. 그 후에 신전 주변의 땅이 서서히 내려앉아서 바닷물에 잠겼을 거야. 그다음에 신전은 다시 솟아 올라왔어. 기둥은 바닷물에 잠겨 일부분만 보이다가 점점 전체 모습을 드러낸 거지. 틀림없이 이 과정은 매우 천천히 일어났을 거야. 만약에 급격히 진행되었다면 기둥이 무너져 내렸을 테니까. 라이엘은 세라피스 신전이 허턴의 동일 과정설을 지지하는 강력한

라이엘의 『지질학의 원리』 표지를 장식한 세라피스 신전 그림. 기둥의 검은 띠는 바닷물에 잠겼던 흔적이다.

증거라고 생각했어.

라이엘은 점진적인 지질 변화를 보여 주는 또 다른 증거를 찾았어. 이탈리아 시칠리아에 있는 화산 에트나산이야. 라이엘은 에트나산을 보고 동일 과정설의 심증을 굳혔어. 에트나 화산은 지금도 화산 활동을 하는 활화산이야. 화산이 폭발해서 용암이 흘러 내려 산을 형성한 과정이 주변의 화석층에 그대로 남아 있었어. 용암이 굳으면 검은색의 현무암이 돼. 이 현무암은 비와 바람에 부서져 흙이 되고, 그 자리에 식물이 자라나고, 그 위에 다시 용암이 분출해 흐르고 굳는 일이 반복되었겠지. 이렇게 해발 3300미터의 거대한 산이 되려면 상상할 수도 없는 긴 시간이 필요했을 거야.

지구는 헤아릴 수 없는 시간을 보내고 오늘에 이르렀어. 세라피스 신전이나 에트나산이 분명히 말해 주고 있었지. 라이엘은 현재 관찰한 것에서 과거의 사건을 추론했어. 허턴과 라이엘의 동일 과정설은 지질학을 연구하는 데 토대가 되었지. 과거의 화산을 이해하려면 현재의 화산을 보라! 세계가 어떻게 만들어졌는지 이해하려면 현재 일어나는 것을 보면 된다고 말이야.

현대의 지질학은 라이엘의 관찰과 추론, 연구 방식을 계승했어. 세라피스 신전은 지질학이 탄생한 상징적인 곳이 되었지. 런던 지질학회에서 수여하는 라이엘 메달에는 라이엘의 초상화와 세라피스 신전이 새겨졌어. 라이엘과 동시대에 살았던 뛰어난 수학자이며 계산 원리의 창시자인 찰스 배비지도 라이엘의 추론에 깊은 감동을 받았지. 그는 1834년 런던 지질학회에서 세라피스 신전을 아주 상세하게 측정해서 계산한 결과를 발표하기도 했단다.

하지만 누구보다 라이엘의 『지질학의 원리』에 영감을 받은 과학자는 다윈이었을 거야. 신학자로 살기로 결심한 젊은 박물학자는 『지질학의 원리』를 탐독하며 동일 과정설의 추종자가 되었으니까. 비글호에서 고된 항해 중에 다윈을 일깨운 것은 라이엘의 목소리였어. "우리 앞에는 아주 긴 지질학적 시간이 놓여 있습니다." 라이엘은 다윈에게 진화와 같은 점진적인 변화가 충분히 일어날 수 있는 시간을 확보해 주었지. 마침내 진화의 개념은 지질학과 고생물학이 밝힌 과학적 사실에서 서서히 싹트기 시작했어.

3. 위대한 과학 여행기, 『비글호 항해기』

1831년 12월 27일, 비글호는 영국 플리머스의 데번포트를 출발했어. 남서쪽에서 불어오는 심한 폭풍 때문에 출항했다가 두 번이나 되돌아와야 했지. 비글호의 임무는 남아메리카 바다의 지도를 만들고 전 세계의 경도를 측정하는 일이었어. 이미 1826년부터 1830년까지 파타고니아와 티에라델푸에고를 조사했던 자료가 있었는데 그 조사를 마무리하고 칠레와 페루, 태평양의 여러 섬을 탐사해야 했어. 당시 영국은 세계 곳곳에 식민지를 확대하기 위해 비글호 항해와 같은 대규모 탐사 활동을 시행하고 있었지.

비글호가 아프리카 대륙을 거쳐 남아메리카 대륙에 도착한 것은 1832년 2월 말이었어. 그로부터 3년간 비글호는 남아메리카 해안을 탐사했는데 다윈은 많은 시간을 육지에서 보낼 수 있었어.

브라질 정글과 파타고니아 평원에서 몇 주씩 돌아다니다가 배 시간에 맞춰 돌아가면 되었거든. 남아메리카 서해안 조사를 끝낸 비글호는 1835년 9월에 남아메리카 대륙에서 벗어나 갈라파고스 제도의 채텀섬에 도착했어. 섬들이 흩어져 있는 갈라파고스 제도의 자연환경은 매우 독특해서 또 하나의 세계처럼 보였지.

다윈은 비글호 함장의 말동무로 승선했지만 비글호의 여행 경로는 꼭 다윈을 위한 것 같았어. 비글호의 함장은 5년 동안 자신의 임무를 완수했어. 정밀한 82장의 해안도, 80장의 항구 지도, 40장의 항구 그림을 작성했단다. 그런데 다윈은 그보다 더한 성과를 얻었어. 엄청나게 많은 동식물 표본과 자료를 수집해서 영국으로 보냈고 마지막에 그의 손에는 2000쪽에 이르는 18권의 공책이 들려 있었지. 하루도 빠짐없이 관찰하고 사색한 것을 모두 써 놓은 일지였어. 생물종, 화석, 지질, 지역별 인류의 사회 문화나 생활 모습이 세밀하게 기록되어 있었어. 이것을 바탕으로 1839년에 『비글호 항해기』 초판이 출간되었단다.

『비글호 항해기』는 지금 읽어도 흥미로운 책이야. 이 책에는 다윈이 느낀 흥분과 충격, 번민이 고스란히 담겨 있어. 가장 눈에 띄는 것은 다윈의 변신이야. 비글호를 타기 전에 그는 평범한 박물학자였거든. 합리적인 의심과 꼬리를 무는 질문, 논리적 추론을 거듭하면서 지질학자, 고생물학자, 지리학자, 생태학자가 되었고 진화론자로 성장했어. 표본 수집가나 관찰자, 자연사학자에서 독창적인 사고를 하는 과학자로 우뚝 선 거야. 비글호 항해에서 다윈이 얻은 것은 평생 진화론을 세우고 지킬 수 있는 자신감이었어.

직접 눈으로 보고 몸으로 느끼고 경험하는 것은 무엇과도 바꿀 수 없는 소중한 기회였지. 라이엘의 『지질학의 원리』와 같은 책은 논리가 아무리 완벽해도 그것은 이론일 뿐이야. 다윈은 그 이론을 실제로 입증하는 사실 앞에서 감탄하고 숙고하면서 확신을 얻었어. 창조론을 의심했고, 동일 과정설을 지지하면서 수백만 년 단위로 지구를 바라봤으며, 생물이 어떻게 변화하는지를 통찰할 수 있었단다. 『비글호 항해기』는 한 편의 드라마를 보는 것 같아. 과학자의 삶과 연구가 이토록 역동적이구나! 예상치 못한 상황에 부딪히며 경험을 통해 성장하는 과학자, 그래서 과학은 탐구하는 과정과 과학적 사고가 중요하다고 할 수 있어.

『비글호 항해기』에서 날짜와는 상관없이 몇몇 주요 장면을 모아 보았어. 다윈의 관찰과 감정을 직접 따라가 보자.

상황 1

"1835년 2월 20일 이날은 발디비아 역사에서 결코 잊히지 않는 날이 될 것이다. 이날 마을에서 가장 나이 많은 사람이 경험한 것 중 가장 큰 지진이 일어났기 때문이다. 그때 나는 해안의 숲에 누워 쉬고 있었다. 지진은 갑자기 일어나 약 2분 동안 지속되었으나 그보다 훨씬 길게 느껴졌다. (……) 극심한 지진은 우

통통한 과학책 1

리가 지구에 대해 가지고 있었던 오래된 관념을 일시에 깨뜨린다. 단단함의 상징 그 자체인 지구는 유체 위에 떠 있는 얇은 껍질처럼 우리 발밑에서 움직이고 있다. 몇 시간을 생각해도 잘 떠오르지 않은 위험에 대한 상상이 단 1초 만에 우리 마음속에 생기게 한다. 숲에 있던 내가 느낀 것은 미풍에 나무가 흔들리는 것처럼 땅이 흔들린 것뿐, 그 외의 것은 없다."

1835년 1월 칠레에서 다윈은 화산 활동을 목격했어. 19일 밤 오소르노 화산이 폭발하면서 큰 돌과 불꽃들이 하늘로 치솟았지. 이 지역에 걸쳐 있는 코르코바도 화산에서도 커다란 용암 덩어리가 분출했어. 150킬로미터 이상 떨어진 곳에서 그 불길을 볼 수 있었지. 그것만이 아니었어. 다윈이 있는 곳에서 북쪽으로 770킬로미터 떨어진 칠레의 아콩카과 화산도 그날 밤 폭발했어. 6시간도 채 안 되서, 아콩카과에서 북쪽으로 4300킬로미터 떨어진 코세기나 화산에서도 거대한 화산 활동이 일어났어.

이것은 우연의 일치가 아니었어. 다윈은 땅속에 연결된 뭔가가 있다는 생각을 했지. 몇 주 후인 2월 20일에 비글호가 발디비아에 닻을 내렸을 때 해안의 숲에서 대지진을 겪었단다. 2분이었지만 훨씬 길게 느껴졌을 정도로 그 위력은 어마어마했어. 안데스 지역 화산에서는 용암이 분출하고, 지진으로 육지가 심하게 흔들렸어. 단단함의 상징인 지구가 움직이고 있었던 거야. 다윈은 화산과 지진을 일으키는 힘이 무엇인지 궁금했어. 땅속에 뜨거운 용암이 흐르는 것처럼 녹은 바위의 압력이 작용하는 것은 아닐까? 녹은 바위가 밀어 올리는 힘 때문에 화산이 폭발하고, 그 남은 힘이 지진까지 일으킨 것은 아닐까?

다윈은 안데스산맥을 계속 탐사하면서 동식물 관찰보다 지질 조사에 더 많은 시간을 보냈단다. 지구에서는 오래전부터 땅이 솟아오르고 꺼지는 작용이 일어났어. 대륙이 서서히 오랜 시간동안 융기하면서 거대한 산맥이 형성되었던 거야. 다윈은 바로 그 현장에 서 있었어. 안데스산 정상에 인디오 집들은 파괴된 것이 많았고, 그곳 식물들의 생태는 빈약해 보였어. 다윈은 안데스 지역에 지진과 화산 활동이 잦은 것을 보고, 산맥이 최근에 탄생한 것이라고 생각했지. 이렇게 지구의 지질 활동은 쉼 없이 일어나고 있었고, 생태 환경도 변하고 있었던 거야.

상황 2

"해안선에서는 작고 거무스름한 색깔을 띠는 새인 오페티오린쿠스 파타고니쿠스를 흔히 볼 수 있다. (……) 이곳의 가장 흔한 새들은 모두 위에서 열거한 독특한 모습의 새라는 걸 일반인들이 안다면 우선 놀랄 것이다. 칠레 중앙 지역에는 이 중 나무발바리와 꼬리세움새 두 종류가 출현하지만 극히 드물다. 자연이라는 큰 설계도 위에서 그리 중요한 역할을 담당하지 않을 것처럼 보이는 동물들을 발견하면, 여기처럼, 그런 동물들은 도대체 왜 창조되었을까 하는 의문이 습관적으로 일어난다."

다윈은 칠레의 초노스 제도에서 1835년 새해를 맞이했어. 동물의 종류는 빈약했지만 이곳에는 흔히 볼 수 없는 종이 많았어. 다윈은 남아메리카의 작은 섬들을 돌아보면서 생물의 다양성에 무척 놀랐단다. 가는 곳마다 생김새나 행동 습성이 특이한 생물들이 넘쳐났어. 갈릴레오가 망원경으로 하늘의 별들을 처음 보고 놀랐던 것처럼, 새로운 동식물들을 다윈은 경이에 찬 눈으로 바라보았어. 아직도 우리가 모르는 동식물들이 많을 텐데 신은 왜 이것들을 창조하신 것일까? 다른 곳에서는 볼 수 없는 특이한 생물종을 볼 때마다 근원적인 의문에 휩싸였어.

상황 3

"바하다의 퇴적층에서 거대한 아르마딜로와 유사한 동물의 골갑(骨甲)을 발견했다. 흙을 털어 내니 그 골갑의 내부는 커다란 솥과 비슷하다. 또한 톡소돈과 마스토돈의 이빨 여러 개와 말 이빨 하나도 같이 발견했는데, 변색한 정도와 부패 정도가 비슷했다. 특히 말의 이빨은 많은 흥미를 끌었는데, 그것이 다른 이빨들과 동시대에 매몰되었는지를 확인하기 위해 면밀히 조사했다. (……) 라이엘 씨가 최근에 미국에서 독특하게 약간 휘어진 말 이빨 한 개를 가져왔는데, 오언 교수는 이곳에서 내가 발견한 화석과 비교해 본 후에, 그것이 화석종이나 현생종이 아닌, 아직 발견된 적이 없는 새로운 종이라는 것을 알아냈다. 그러고는 이 아메리카 말을 '에쿠스 쿠르비덴스'라고 명명했다. 남아메리카에 예전부터 토종말이 살다가 멸종됐다는 것과, 오랜 세월이 흐른 후에 스페인 식민지 개척자들이 들여온 몇 마리 안 되는 말들이 번식해 헤아릴 수 없을 정도로 많은 무리가 되었다는 것은 확실히 포유류의 역사에서 놀라운 일이리라!"

아르헨티나는 과거에 살았던 거대한 육상 동물의 무덤이었어. 1833년 가을, 다윈은 아르헨티나의 푼타알타 근처에서 대형 포유류의 이빨과 대퇴골을 대량 발견하여 영국으로 보냈어. 이 화석들은 메가테리움, 메갈로닉스, 밀도돈, 스켈리도테리움과 같은 다양한 빈치류(貧齒類)의 것이었어. 빈치류는 이빨이 아예 없거나 있어도 매우 빈약하기 때문에 붙여진 이름이야. 머리 크기가 코뿔소나 코끼리만큼 큰 대형 동물인데, 나뭇잎이나 잔가지를 먹고 살았던 초식 동물이었어. 현재 살아 있는 빈치류는 개미핥기와 나무늘보, 아르마딜로 등이 있어. 다윈은 화석종과 현생종을 비교하면서 남아메리카에 멸종된 빈치류가 많음을 확인할 수 있었어.

　"당시 종의 멸종에 대해 나보다 더 많이 놀란 사람은 없었을 것이다." 다윈은 납득할 수가 없었지. 왜 동물들이 멸종했을까?

멸종의 의미가 무엇일까? 하느님은 왜 모든 생물들을 창조하시고 또다시 멸종시켰을까? 직접 빈치류나 말의 화석을 관찰하다 보니, 멸종은 갑자기 일어난 것이 아니라는 것을 알게 됐어. 멸종된 종은 점차 드물어지다가 사멸했던 거야. 신생대 제3기 지층에서 흔했던 조개가 매우 귀해지다가 오랫동안 멸종한 것처럼 말이지. 멸종의 과정은 사람이 병들어서 시름시름 앓다가 죽는 것과 같았지. 병이 라는 전조가 있다가 죽음이 찾아오잖아. 그런데 격변설은 앓던 사람이 죽으면 깜짝 놀라서 폭행으로 갑자기 사망했다고 믿는 것이 나 다름없었지.

　　다윈은 과거의 생물과 지금의 생물이 아무 관계가 없다는 것을 도저히 인정할 수 없었어. 에쿠스 쿠르비덴스와 같은 화석은 살아 있는 말들과 비슷하면서 조금 다르다는 것이 관찰되었거든. 멸종된 종과 살아 있는 종은 서로 연결되어 있는 것이 분명했지. 살아 있는 종이 멸종된 종의 자손임을 암시하는 증거가 많았어. 여기에서 다윈은 큰 깨달음을 얻었단다. 생물종은 변화하기 쉽고, 생물들은 유동적이며 환경에 맞춰 변할 수 있었어. 그 과정에서 점진적으로 어떤 종은 멸종하고, 새로운 종이 탄생한 거야.

새로운 종의 출현은 과거 종의 멸종과 깊은 연관 관계가 있었어. 멸종은 진화를 암시하고 있었지. 그렇다면 왜 어떤 종은 멸종하고 어떤 종은 살아남은 것일까? 어떻게 진화가 일어나는 것일까? 다윈의 궁금증은 이렇게 이어졌어.

상황 4

"갈라파고스 제도의 자연사는 유별나게 신기해서 눈여겨볼 만하다. 대부분의 생물들은 다른 곳에서는 볼 수 없는 토착종들이다. 같은 생물이라도 섬마다 차이가 있다. (……) 상당히 멀리 떨어져 있는 각기 다른 섬들마다 서로 다른 생물군이 서식하고 있다는 사실이다. 부총독 로슨 씨가 섬마다 살고 있는 육지 거북이 달라서 어떤 것이 어느 섬에서 왔는지 확실히 알 수 있다고 주장하는 것을 보고 처음 이 사실에 주목하게 되었다. (……) 서로 80~90킬로미터씩 떨어져 있고, 대부분의 섬들끼리 건너다 보이며, 정확히 똑같은 암석으로 이루어졌고, 매우 유사한 기후대에 속한 데다 해발 고도도 거의 같은 섬들에 서로 다른 생물들이 살고 있으리라고는 꿈에도 생각하지 못했다."

1835년 9월에 다윈은 갈라파고스 제도에 상륙했단다. 갈라파고스 제도는 열 개의 주요 섬으로 이루어졌어. 이 섬들은 적도 아래 있으며, 아메리카 대륙 해안선에서 서쪽으로 800~900킬로미터 떨어진 곳에 있었지. 갈라파고스 제도는 오늘날 진화론의 성지로 알려져 있지만 정작 다윈은 이곳을 다녀간 지 2년이 지나서야 그걸 깨달았어. 상당히 멀리 떨어져 있는 각기 다른 섬마다 서로 다른 생물군이 서식하고 있다는 것을 말이야. 영국에 와서 수집해 온 새들의 표본을 확인한 후에 알게 되었지.

갈라파고스의 섬들은 남아메리카 대륙으로부터 지리적으로 격리된 곳이었어. 갈라파고스에는 다른 곳에서는 발견되지 않고 오직 여기에서만 발견되는 토착종이 있었지. 이 섬들은 하나의 작은 세계였어. 이곳의 동식물종은 가까운 대륙인 남아메리카의 동식물과 달랐어. 그뿐만 아니라 각 섬에 있는 동식물끼리도 서로 달랐지. 다윈은 처음에 부총독 로슨으로부터 그 이야기를 듣고 알았어. 로슨은 각 섬에 있는 육지 거북이들이 저마다 독특한 특징이 있어서 등딱지 모양과 무늬만 봐도 그 거북이가 어느 섬에서 온 것인지 알 수 있다고 말했어.

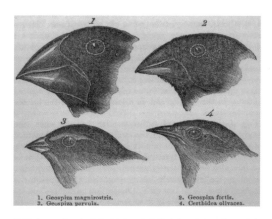

갈라파고스 제도의 핀치는 부리 모양이 확연히 구별되는 변종들이다.

　왜 갈라파고스의 섬들에만 발견되는 토착종이 있는 것일까? 육지 거북이 창조되었다면 아메리카 대륙의 육지 거북, 갈라파고스의 육지 거북이 모두 똑같아야지, 왜 섬마다 육지 거북이 다른 것일까? 육지 거북뿐만 아니라 새와 식물들도 차이가 났어. 그 차이를 확연히 보여 주는 것이 바로 핀치였지. 육지 거북의 등딱지 모양은 복잡하지만 핀치의 부리는 누가 봐도 구별되는 좋은 사례였어. 오늘날 '다윈의 핀치'라고 불리는 새는 부리의 모양에 따라 큰땅핀치, 중간땅핀치, 작은나무핀치, 개개비핀치 등으로 나눠져. 남아메리카에서 하나의 종이었던 핀치가 갈라파고스 제도에 와서 이렇게 변종으로 분화한 거야.

　다윈은 하느님이 갈라파고스의 작은 섬마다 각각 핀치를

창조했을 리 없다고 생각했어. '핀치는 갈라파고스의 척박한 환경에서 살아남기 위해 변한 것이 아닐까?'라고 생각했지. 그리고 이렇게 추론했어.

처음에 핀치가 이주했을 때는 먹이가 풍부했어. 과일이 많아서 과일 먹는 핀치의 수가 폭발적으로 불어났지. 그런데 우기가 찾아오자 과육이 썩어 들어가 먹을 것이 부족해졌어. 이때 무리 중에 씨를 깰 수 있는 큰 부리를 지닌 변이체가 태어났어. 섬에 기근이 계속되자 큰 부리 핀치는 단단한 씨를 먹으면서 살아남았지. 그 핀치가 번식해서 새로운 핀치종이 나타나기 시작했을 거야.

이렇게 환경에 적응하는 과정에서 갈라파고스 제도의 섬마다 핀치가 서로 달라졌어. 어느 시점에 이르자 핀치들이 너무 달라져서 짝짓기를 할 수 없을 정도가 되었지. 다윈은 이것이 '종 분화'이며 새로운 종이 탄생하는 '진화'가 일어난 것이라고 생각했어.

생명의 나무, 생존 투쟁, 자연 선택

사람들이 종종 오해하는 것이 있어. 생명이 일직선으로 하등 동물에서 고등 동물로 진화했다고 생각하는 거야. 예를 들어 곤충에서 어류, 파충류, 조류, 포유류로 발달해 인간이 되었다는 식으로 말이야. 생물은 사다리 모양으로 진화하지는 않아. 원숭이가 직접 인간을 낳는 일이 벌어지지 않지. 그러면 원숭이에서 어떻게 인간으로 진화했을까? 이에 대해 다윈은 생명의 나무를 통해 설명했어.

　비글호 항해를 마치고 돌아온 다윈은 '종의 변화'에 대한 개념을 구상했어. 1837년 노트에 하나의 공통 조상에서 갈라져 나온 '생명의 나무'를 그렸단다. 다윈의 진화론에서 이 생명의 나무가 아주 중요한 개념이야. 진화의 방향성을 나타내 주거든. 진화는 사다리 모양으로 연속적으로 이어지는 것이 아니라 나무의 가지치기처럼 한 종에서 여러 종이 생겨나는 거야.

　다윈은 생명의 나무를 통해 수많은 종이 멸종하고 새로운 종이 탄생하는 진화의 과정을 묘사했어. 나무 줄기가 하나인 것처럼 생명은 하나의 공통 조상에서 시작된 거야. 아주 오랜 시간에 걸쳐 생명의 나무는 자라났어. 새롭게 피어난 크고 작은 가지는 다양한 생명체들이야. 그중에서 몇몇 가지는 말라죽었고, 몇몇 가지가 번성하여 잘 자라났지. 죽은 가지는 멸종하여 화석으로 발견된 종이고, 잘 자란 가지는 환경에 적응하여 자손을 남긴 종이야.

　생명의 나무에서 가지가 여러 개 뻗어 나온 것처럼 어느 지점에서 종이 갈라지는 분기 진화가 일어났어. 생명의 나무를 거슬러 올라가면 원숭이와 인간이 갈라져 나온 조상을 만날 수 있어. 원숭이와 인간의 공통 조상이었는데 그 조상은 멸종했지. 인간이 원숭이의 자손이 아니라, 인간과 원숭이는 공통 조상에서 갈라져 나온 후손이야. 한때 원숭이와 인간의 할아버지가 같았는데 그들이 모두 멸종하고, 오늘날 완전히 다른 종으로 진화한 거지. 이렇게 현재의 종은 멸종된 종에서 유래했단다.

1839년에 다윈은 '자연 선택에 의한 진화론'에 관한 개요를 완성했어. 새로운 키워드가 등장하는데 바로 '자연 선택'이야. 진화론의 마지막 퍼즐은 예상하지 못한 곳에 있었어. 다윈은 주변의 동식물들을 관찰하는 데 뛰어난 능력이 있었지. 지렁이, 따개비도 그의 관찰 대상이었어. 그는 동식물을 관찰하면서 세상에는 완벽히 똑같은 것이 하나도 없다는 것을 발견했어. 모든 개체들은 조금씩 다르게 태어나. 눈의 크기가 다르고 부리 모양이 다르고, 털 색깔이 달랐어. 다윈은 이러한 개체들의 '변이'에 주목한 거야.

처음에는 조금씩 다르게 태어나서 몇 세대가 지나면 완전히 다른 품종이 되는 것은 아닐까? 다윈은 동물의 품종을 개량하는 사육사를 찾아갔어. 사육사들은 좋은 품종의 소나 말 등을 선택해서 짝짓기를 시켰어. 우유가 많이 나오고, 질병에 강한 소나 말 등을 골라서 몇 세대에 걸쳐 번식시키는 거야. 그러다 보면 사육사가 원하는 좋은 품종을 얻을 수가 있었지. 다윈은 이 과정에서 사육사에게 '선택'의 힘이 있다는 것을 알아챘어. 사육사들은 원하는 개체를 선택하고 그 나머지를 제거했는데, 이 과정이 엄청난 결과를 낳는다는 것을 직접 확인한 거야.

한편 19세기 영국 사회는 산업과 교역이 경쟁을 바탕으로 번성하고 있었어. 얼마나 값싸고 좋은 제품을 생산하느냐에 따라 성공과 실패가 나눠졌어. 세계적으로는 제국주의 국가들 사이에 식민지 쟁탈전이 치열했어. 부자가 되기 위해, 먹고살기 위해 경쟁하는 것이 당연한 시대였지.

이때 경제학자 맬서스는 『인구론』이라는 책을 써서 사회적 파란을 일으켰어. 그의 이론은 인구가 기하급수적으로 늘어나는데 식량은 산술급수적으로 늘어난다는 거야. 아무리 해도 식량 공급은 인구 증가의 속도를 따라잡을 수 없다는 거지. 인구론은 늘어나는 인구를 줄이기 위해서는 전쟁이나 기근, 질병으로 사람들이 죽어 가는 것도 어쩔 수 없다는 논리를 제공했어. 사회적 약자들의 비참한 삶을 방치한다는 측면에서 비난 여론이 들끓었지.

하지만 다윈은 맬서스의 인구론에서 인간 사회가 아닌 자연 세계의 실상을 보았어. 자연 세계야말로 생존을 위한 투쟁이 벌어지는 곳이었거든. 자원은 한정적인데 많은 개체 수가 태어나고, 동식물들은 살아남기 위해 경쟁할 수밖에 없었지. 사육사들이 좋은 품종을 인위적으로 '선택'하듯이 자연 세계는 생존 경쟁의 과정에서 잘 적응한 개체를 '선택'해. 자연 세계에서 살아남는 것은 바로 자연으로부터 선택을 당한 것이나 마찬가지야. 그래서 다윈은 이를 '자연 선택'이라고 불렀어.

실제로 진화가 일어났다는 사실을 아는 것과 진화가 어떻게 일어났는지를 아는 것은 달라. 진화가 일어났다는 증거는 아주 많아. 대부분의 학자들은 진화가 일어났다는 것에 동의하지. 그런데 진화가 어떻게, 왜 일어났는지를 몰랐던 거야. 다윈의 독창적인 아이디어는 바로 자연 선택 이론이었어.

자연 선택은 매우 단순한 개념이야. 자연 선택은 세 가지 조건만 만족하면 일어날 수 있어. 첫째 모든 종은 자기와 닮은 개체를 낳는 집단이 있어. 우리는 스스로 복제하는 개체들의 집단을 '개체군'이라고 해. 둘째는 개체들은 미묘한 변이를 가지고 태어나. 자손을 낳는 복제 과정이 완벽하지 않다는 거야. 셋째는 특정 변이를 가진 개체가 환경에 더 적합해서 살아남아, 그 변이를 자손에게 전달하는 거야.

'자연 선택에 의한 진화론'은 단순한 것 같지만 위험하고도 강력한 아이디어야. 지구에서 생명체가 출현한 순간, 어떤 외부의 도움이 없이 진화가 일어날 수 있어. 생명체는 스스로 알아서 살아남고 자손을 퍼뜨리지. '자연 선택'이라고 하면 자연이 주체적 의지나 목적이 있는 것처럼 보이지만 사실 자연 선택을 하는 행위자 같은 것은 없어. 진화의 목적이나 방향성 같은 것은 없지. 사실 진화는 해가 지고 뜨고, 중력이 작용하는 것처럼 자연스럽게 그냥 일어나는 과정이야. 우연히 지구라는 곳에서 생물체가 등장하면서 생긴 자연의 법칙이었어.

4. 털 없는 원숭이가 말하는 『인간의 유래』

지울 수 없는 흔적

　다윈은 비글호 항해 중에 티에라델푸에고섬에서 원주민을 보았어. 19세기에 야만인, 미개인으로 불렸던 그들의 모습은 충격적이었어. 벌거벗은 몸에 드러난 피부는 지저분했고 머리카락은 온통 뒤엉켜 있었어. 왜소한 체격에 행동은 거칠었고 귀에 거슬리는 이상한 소리를 냈어. 도무지 우리와 같은 세계에 살고 있는 인간이라고 믿을 수 없는 모습이었지. 저들이 사람이긴 한 것일까? 다윈은 에든버러에서 본 오페라 〈마탄의 사수〉에 등장하는 악마 같다고 생각했어.

　"이 사람들은 어디서 왔을까?", "이 미개인들에 대해서는 어떻게 질문해야 할까?" 다윈에게 이보다 더 흥미로우며 이보다 더 당혹스러운 문제는 없었어. 평생 동안 그의 뇌리에 잊혀지지 않은 의문이었지. 인간은 누구이며 어디서 왔는가? 어떻게 인간으로 진화했고, 왜 인종과 민족의 차이가 생겨난 것일까? 다윈은 원주민의 모습에서 '잊혀진 조상의 그림자'가 어른거리는 것을 보았어.

그런데 『지질학의 원리』를 쓴 라이엘이나 고생물학자 오언은 진화를 인정하지 않았고 종이 고정되어 있다고 믿었지. 라이엘이 진화론에 반대하자, 다윈은 마음에 상처를 입었어. 19세기 대부분의 학자는 식민지의 원주민을 인간 취급하지 않았어. 신이 창조한 인간은 오직 유럽이나 북미 대륙에 사는 문명인이었지. 미국의 고생물학자 루이 아가시는 백인종, 황인종, 흑인종을 별개의 종으로 구분했어. 인종 차별주의와 흑인 노예제를 정당화하기 위해 이런 주장을 한 거야. 심지어 자연 선택 이론을 동시에 발견한 앨프리드 러셀 월리스(1823~1913)도 신의 존재를 믿었어. 진화의 과정에서 인간을 예외적인 존재로 인정했지. 이렇게 서양 우월주의와 인종주의적 관점에서 신의 창조와 인간의 특별함을 옹호하는 학자들이 많았단다.

하지만 다윈은 그들과 달랐어. 『종의 기원』이 나온 이후에 '털북숭이 얼굴을 한 늙은 원숭이'라는 조롱과 비난을 받으면서도 다윈은 인간의 진화를 흔들림 없이 주장했어. 그는 『종의 기원』 이후에 계속 연구해서 1871년에 『인간의 유래』를 내놓았어. 이 책에서 "인간이 지구상에 출현한 방식이 다른 생물의 경우와 동일하게 취급되어야 한다."고 분명히 말했지. 인간은 지구에서 예외적인 생물이 아니라는 거야. 이런 기본 입장에서 다윈은 인간을 인종으로 구별하는 것을 단호히 거부했어. 백인종이나 흑인종, 황인종이 똑같은 인간이라는 거야. 또 인간이 동물보다 우월하고, 서양인이 동양인보다 우월하다는 생각을 비판했어.

『인간의 유래』에서 다윈은 인간이 하등 동물로부터 유래했다는 것을 밝혔어. 인간이 오늘날 문명 사회에서 살고 있지만 오래전에는 남아메리카의 원주민처럼 살았으며, 더 오래전에는 영장류 조상을 두었다고 말이지. 다윈은 『인간의 유래』에서 인간의 기원을 밝히고 마지막에 감동적인 말을 남겼어. 인간이 우월하다는 의식에서 벗어나서 자연의 일원으로 우리 자신을 돌아보자고 말이야. 다윈의 명문장을 한번 읽어 보자.

인간이 하등동물에서 유래했다는 결론은 유감스럽게도 많은 사람의 비위를 상하게 할 것이다. 그러나 우리가 미개인에게서 유래했다는 사실은 거의 의심할 여지가 없다. 야생의 황폐한 해안에서 처음으로 푸에고 제도 원주민 무리를 보고 느꼈던 그 경악스러움을 나는 절대로 잊을 수가 없다. 내 마음속에 하나의 그림자가 스치고 지나갔기 때문이다. 그것은 우리 조상의 그림자였다. 그들은 완전히 벌거벗고 있었고 온몸에는 얼룩덜룩 칠을 한 채였다. 그들의 긴 머리털은 헝클어져 있었고, 흥분하여 입에는 거품이 일었다. 그들의 표정은 거칠고 놀라움과 의구심으로 가득 차 있었다. (……)

인간은 비록 자기 자신의 힘만으로 된 것은 아니지만 생물계의 가장 높은 정상에 오르게 되었다는 자부심을 버려야 할 것 같다. 그리고 원래부터 그 자리에 있었던 것이 아니고 낮은 곳에서 시작하여 지금의 높은 자리에 오르게 되었다는 사실이, 먼 미래에 지금보다 더 높은 곳에 오를 수 있다는 새로운 희망을 줄 수도 있다. 그러나 우리는 여기에서 희망이나 두려움에 관심을 두는 것이 아니다. 우리는 단지 이성이 허락하는 범위에서 진실을 발견하려는 것뿐이다. 그리고 나는 내 능력이 닿는 데까지 그 증거를 제시했다. 그렇지만 우리가 인정해야만 할 것이 있다고 생각한다. 인간은 고귀한 자질, 가장 비천한 대상에게 느끼는 연민, 다른 사람뿐만 아니라 가장 보잘것없는 하등 동물에게까지 확장될 수 있는 자비심, 태양계의 운동과 구성을 통찰하고 있는 존엄한 지성 같은 모든 고귀한 능력을 갖추고 있지만, 그의 신체 구조 속에는 비천한 기원에 대한 지워지지 않는 흔적이 여전히 남아 있다는 것이다.

루시, 최초의 인류

　학교 현장에서 다윈의 진화론을 가르치는 것이 불법이었던 적이 있었어. 1925년 미국의 테네시주에서는 진화론 교육 금지법인 '버틀러 교육법'이 제정되었지. 그해 데이턴의 고등학교 교사 존 스콥스는 이 법을 어겼다는 죄목으로 기소되었어. 법정에서 치열한 공방이 오고 갔단다. 창조론자들은 어찌 학교에서 원숭이가 인간의 조상이라는 진화론을 가르칠 수 있냐고 비난했어. 이에 맞서서 진화론자들은 과학적 사실을 학교에서 못 가르치도록 종교계가 가로막는 것이 반문명적 발상이라고 응수했지.

　재판 결과 존 스콥스에게 벌금형이 내려졌어. 유죄 판결을 받은 거야. 미국 전역을 떠들썩하게 했던 이 사건은 '원숭이 재판'으로 불리는데, 오늘날까지 교육 현장에서 경각심을 갖게 해. 법령 조항을 살펴보면 아마 놀랄 거야.

　"테네시주 의회는 다음과 같이 법률로 정한다. 주 내의 모든 대학과 사범 대학교, 그리고 전적으로든 부분적으로든 주의 공립학교 기금을 지원받은 모든 공립 학교에서 교사가 성경이 말하는 신의 창조를 부인하고 대신에 인간이 더 하등한 동물에서 유래했다는 이론을 가르치는 것은 불법이다."

　학교에서 다른 종들이 진화했다는 것은 가르쳐도 괜찮지만 인간이 진화했다는 것만은 가르쳐서는 안 된다는 거야. 이 사건을 통해 우리는 인간이 스스로를 자연의 일부로 받아들이는 것이 얼마나 어려운지를 알 수 있어.

당시 다윈의 『인간의 유래』는 사람들에게 어마어마한 분노를 일으켰어. 다윈은 사회 질서를 어지럽히는 범죄자 취급을 받았지. 하지만 다윈은 최선을 다해 진화론을 인간까지 확장해서 증명하려고 노력했어.

그는 『인간의 유래』에서 두 가지 추론을 했어. 하나는 인간이 유인원에서 눈에 띄지 않을 정도로 점진적으로 진화했다는 것이고, 또 하나는 인간종의 화석이 아프리카에서 발견될 것이라고 예측한 거야. 인간의 가장 가까운 친척인 고릴라와 침팬지가 아프리카에서 살고 있기 때문이지.

그렇지만 당시에 화석 증거가 없었어. 1871년 인간 화석이라고는 유럽에서 발견된 네안데르탈인의 뼈로 보이는 몇 조각뿐이었지. 그 후 반세기가 지나 '원숭이 재판'이 벌어지던 그 무렵, 1924년에 남아프리카에서 인간종의 화석이 나왔어. 다윈의 예측이 적중한 거야. 해부학 교수였던 레이먼드 다트(1893~1988)는 '남쪽 지방의 원숭이'라는 이름의 오스트랄로피테쿠스를 발견했단다. 다트는 『잃어버린 고리와 함께 한 모험』에서 발견의 순간을 이렇게 묘사하고 있어.

나는 내 손에 놓인 것이 평범한 유인원 뇌가 아니라는 사실을 한눈에 알아봤다. 석회가 침투한 모래 속에 묻힌 이 복제물은 바비의 뇌보다 세 배 컸고, 성인 침팬지의 뇌보다도 상당히 컸다. 놀랍게도 뇌의 주름, 두개골 혈관이 똑똑히 드러나 있었다. (……) 내 마음은 마구 달음박질쳤다. 나는 내 손에 쥔 것이 인류학 역사상 가장 중요한 발견물이라는 것을 확신했다. 대체로 무시되고 있는 다윈의 이론, 인류의 초기 선조는 아마도 아프리카에 살았을 것이라는 그 이론이 떠올랐다. 내가 다윈의 '잃어버린 고리'를 발견하는 도구로 쓰일 것인가?

다윈이 옳았어! 인간은 다른 유인원에서 유래한 유인원이고, 가장 가까운 사촌은 침팬지였지. 인간의 조상과 침팬지의 조상은 수백만 년 전에 아프리카에서 갈라졌던 것이 틀림없었어. 시간이 지날수록 고인류학자들은 아프리카에서 인간의 화석을 찾아내기 시작했어. 1930년대부터 루이스 리키(1903~1972)와 그의 아내 메리 리키(1913~1996)는 탄자니아 올두바이 계곡에서 엄청난 성과를 거두었단다. 2700여 점의 석기와 100여 명의 머리뼈 조각을 한꺼번에 발굴했어. 석기와 같은 도구를 제작한 이들에게 '손 쓴 인간'이라는 뜻에서 '호모 하빌리스'라는 이름을 지어 주었지.

『인간의 유래』에서 비롯된 고인류학은 인간의 진화를 과학적으로 밝혔어. 우리는 누구인가? 인간이란 무엇인가? 인간과 유인원의 차이는 무엇이며, 인간만이 가진 특징은 무엇일까? 두뇌인가, 직립보행인가? 인간은 머리부터 진화했을까, 아니면 몸부터 진화했을까? 이 문제는 1970년대까지 논란거리였어. 대부분 사람들은 인간이 두뇌부터 진화했을 것이라고 생각했어. 유인원보다 큰 두뇌는 인간의 자랑거리였으니까. 그런데 1974년 그 논란에 종지부를 찍는 화석이 발굴되었단다.

에티오피아 북동쪽 아파르 삼각 지대에서 도널드 조핸슨 (1943~)은 서 있는 오스트랄로피테쿠스를 발견했어. 유인원처럼 팔이 길고 뇌의 크기는 작았지만 분명 직립 보행하고 있었어. 평퍼짐한 골반과 엉치뼈, 곧은 다리뼈가 걸었다는 것을 보여 주고 있었지. 조핸슨은 이 화석을 '루시'라고 불렀어. 기쁨에 들떠서 비틀즈의 노래 〈루시 인 더 스카이 위드 다이아몬드〉(Lucy in the Sky with Diamonds)를 부르며 밤을 지새웠다고 해서 지어진 이름이야. 머리, 가슴, 엉덩이, 팔다리까지 온전히 있는 화석을 발견한 것은 대단한 행운이었거든.

루시는 인간이라기보다 '서 있는 유인원'이었어. 인간과 같은 자세와 걸음걸이, 치아 구조를 가졌지만 얼굴 생김새나 뇌 크기는 여전히 유인원이었어. 뇌의 용량이 오늘날 침팬지와 비슷한 450세제곱센티미터밖에 안 되었지.

우리는 언제부터 직립 보행을 한 것일까? 최근에 700만 년 전에 살았던 아르디피테쿠스 라미두스(약칭 아르디)가 발굴되었어. 아르디는 발바닥이 단단해서 두 발로 서 있을 수 있었지. 생김새는

350만 년 전에 살았던 루시의 화석을 복원한 모습.

현생 인류보다 침팬지를 더 많이 닮았어. 두 발로 걷다가, 때로는
네 발로 걸었다고 해. 350만 년 전에 살았던 루시도 인간처럼 두 발
로 걸을 수 있었지만 나무 위에서 더 많은 시간을 보냈어.

      700만 년 전 두 발로 서기 시작한 인간종은 점차 유인원의
모습을 버리고 인간으로 진화했어. 그 과정에서 넓은 골반, 곧은
엄지발가락, 뭉뚝한 이빨, 큰 뇌 등등 새로운 유전적 변이를 가진
인간종이 출현했다가, 다시 환경에 적응하지 못하고 멸종했어. 고

인류학자가 화석으로 발견한 오스트랄로피테쿠스, 호모 하빌리스, 네안데르탈인은 다윈이 말하는 '잃어버린 고리'였던 거야. 이들이 탄생하고 멸종하기를 수차례 반복하면서 20만 년 전에 뇌의 크기가 3~4배 증가한 1500세제곱센티미터에 이르는 호모 사피엔스가 출현했어. 여기까지가 고인류학자들이 밝힌 인간의 역사야. 다윈의 진화론이 나왔기 때문에 인간의 계보학을 그릴 수 있었어. 계보학이란 조상의 이름이 쓰여진 족보를 말해. 우리 자신이 출현하기 전까지 조상이 누구였는지를 아는 의미 있는 작업이란다.

무계획적인 우연의 결과

"종 출현이나 한 개체의 출현은 모두 엄청난 연속 시간의 결과다. 우리의 마음은 이 엄청난 사건이 단지 무계획적인 우연의 결과라고 받아들이기를 거부하는 것이다."

다윈은 『인간의 유래』에서 이렇게 말했어. 새로운 종이 출현하려면 엄청나게 긴 시간이 지나야 해. 100년 남짓한 인간의 수명으로는 진화의 현장을 직접 목격할 수 없어. 수억 년의 지구 역사를 되돌리고 생명과 인간의 기원을 탐구한다는 것은 어려운 일이야. 또한 인간 중심적인 관점에서 벗어나서 우리 자신을 객관적으로 연구한다는 것도 힘든 일이지. 그럼에도 다윈은 뉴턴이 했던 것처럼 철저히 인간을 과학적으로 탐구했어. 기계적이고 물질적인 관점에서 인간을 포함한 자연 세계를 바라보았던 거야. 우주를 어떤 목적이나 의도가 작용하는 곳이 아니라 물리적이고 화학적인 법칙이 작용하는 곳으로 봤다는 말이지.

자연 선택에 의한 진화는 우연적이고 무계획적으로 일어났어. 자연 선택에는 앞날을 내다보는 눈이 없어. 그날그날 생존에 적응하는 과정에서 지구의 모든 생명체가 탄생한 거야. 그런데 다윈 말대로 이 사실에 사람들은 거부감을 가지고 있어. 인간이 신에 의해 창조되었다고 믿기를 원하지. 신이 인간을 창조했다면 그저 창조한 것이 아니거든. 창조의 과정에서 인간의 존재 가치와 삶의 목적을 부여했어. 신의 창조를 부인하고 인간이 진화했다는 것을 인정하면 인간의 특별함과 삶의 목적까지 잃어버리지. 진화론을 받아들이기 싫은 것은 삶이 무의미해지기 때문이야. 그래서 아직도 진화론을 믿지 않는 사람들이 많아.

사실 우리는 다윈 덕분에 진실의 눈을 떴어. 진화론을 통해 우리가 왜 존재하는지를 알게 된 거야. 『이기적 유전자』를 쓴 리처드 도킨스는 만약에 지적인 외계 생명체가 지구를 방문하면 진화론을 알고 있는지를 물어볼 것이라고 말했어.

"어떤 행성에서 지적 생물이 성숙했다고 말할 수 있다는 것은 그 생물이 자기의 존재 이유를 처음으로 알아냈을 때입니다. 만약에 우주의 다른 곳에서 지적으로 뛰어난 생물이 지구를 방문할 때, 그들이 우리의 문명 수준을 파악하기 위해 맨 처음 던지는 것은 '진화를 발견했는가?'라는 물음일 것입니다."

이러한 도킨스의 말은 우리가 자신의 기원을 알고 있는지, 아니면 초자연적인 존재에 기대어서 살고 있는지가 문명의 수준을 가늠하는 척도가 된다는 뜻이야.

진화론은 그저 하나의 과학적 이론이 아니야. 여기에는 인간의 본성, 우주에 대한 엄청난 통찰이 담겨 있어. 지구에서 생명이 탄생하고 진화한 과정은 참으로 장엄하고 경이로워. 우주에서 생명이 발견된 곳은 아직 지구밖에 없어. 아주 간단한 단세포 생물에서 시작된 생명체는 장구한 역사를 거쳐 의식과 지능을 지닌 인간이라는 존재로 진화한 거야.

관찰 가능한 우주에는 2000억 은하가 있어. 아직 발견이 안 되어서 그렇지, 우주 어딘가에 생명체가 있을지 몰라. 하지만 지구와 똑같은 환경에 똑같은 진화의 역사를 밟은 곳은 없을 거야. 다윈도 말했어. 생명의 나무의 계통도에서 어떤 사슬의 고리 하나만 빠져도 인간이 오늘날의 모습이 아닐 것이라고. 우리는 우주에 하나뿐인 존재야. 드넓은 우주 어디에도 우리와 똑같은 생명체는 없어. 우리뿐만 아니라 지구의 모든 생명체가 유일무이한 존재야. 풀한 포기에서 세균, 벌레, 개와 고양이 같은 반려동물까지 모두가 특별한 생물들이야.

19세기 다윈의 진화론은 생명의 이야기를 새롭게 썼어.

20세기의 물리학과 화학, 천문학, 분자생물학은 여기에서 더 많은 것을 밝혔어. 지구의 작은 생물체에는 은하, 태양계, 지구의 역사가 모두 수록되어 있었어. 생명의 이야기는 우주의 이야기와 연결돼. 과학자들에 의해 빅뱅부터 인간이 출현하기까지 138억 년의 역사가 새로 작성되었어. 바로 빅 히스토리야. 우주에서 대폭발이 일어나서 은하, 항성, 행성이라는 물질이 생겨나고, 행성에서 다시 생명이 출현하고, 생명은 다시 의식이 있는 생물로 진화했지. 물질에서 생명, 의식으로 이어지는 우주의 대서사시가 이렇게 완성되었단다. 이 내용은 2권에서 살펴보도록 하자.

I. 질문

『첫번째 과학자, 아낙시만드로스: 과학적 사고의 탄생』
카를로 로벨리 지음 | 이희정 옮김 | 푸른지식 | 2017

이 책의 저자 카를로 로벨리는 양자 중력 이론을 연구하는 세계적인 이론 물리학자야. '제2의 스티븐 호킹'으로 불리며,『모든 순간의 물리학』과 같은 베스트셀러의 저자로 유명하지. 그런 그가 물리학 책이 아닌 고대 그리스의 자연 철학자에 대한 책을 썼어. 그것도 잘 알려지지 않은 '아낙시만드로스'에 대해서 말이야. 왜일까? 우리는 고대 그리스에서 과학이 탄생했다는 것은 알고 있지만 그리스 자연철학자들의 통찰을 제대로 배운 적이 없다는 거야. 카를로 로벨리는 이 책에서 아낙시만드로스를 통해 인간의 앎을 확장하는 과학의 가치를 설명하고 있어. 과학적 사고의 본질은 무엇인지, 과학이 인간의 문명사에서 어떤 역할을 했는지를 다시 확인하고 있단다.

『호모 사피엔스와 과학적 사고의 역사』
레오나르드 믈로디노프 지음 | 조현욱 옮김 | 까치 | 2017

지구에 호모 사피엔스가 언제 출현했는지는 알고 있지? 겨우 10만 년 전쯤이야. 그런 우리가 이렇게 지구에서 최고의 생물종이 된 비결은 무엇일까? 호모 사피엔스의 필살기는 지적 호기심이라고 할 수 있어. 우리가 어렸을 때 모르는 것을 참지 못하고 어른들에게 뭐든지 물어봤던 그 호기심이 우리를 이렇게 잘 살게 만든 거야. 이 책의 저자 레오나르드 믈로디노프는 캘리포니아 공과대학 교수이며 물리학자인데 스티븐 호킹과 『위대한 설계』를 같이 쓴 분이지. 믈로디노프는 이 책에서 인간의 호기심이 어떻게 과학적 성취를 이뤘는지, 과학적 사고의 역사를 이야기하고 있어. '돌도끼에서 양자혁명까지' 인류의 문명은 엄청난 발전을 했는데 그 바탕에는 과학적 사고가 있었어. 우리가 어떻게 세계를 이해했는지가 세계를 변화시키는 동력이었지. 그만큼 인간의 사고가 중요하다는 것을 알려주는 책이야.

『가장 먼저 증명한 것들의 과학』
김홍표 지음 | 위즈덤하우스 | 2018

과학 교과서에서는 뉴턴, 아인슈타인 등 서양의 위대한 과학자들이 소개되니까 학생들은 과학이 하늘에서 뚝 떨어진 줄 알아. 그런데 과학은 인간이 만들어 낸 지식이야. 어떤 시대적 상황에서 필요해서 생산한 결과물이지. 이 책은 센트죄르지, 홉킨스, 란트슈타이너 등의 노벨상 수상자의 연구 업적을 소개하고 있어. 저자 김홍표 교수는 국내외에서 연구한 경험을 바탕으로 이 책을 썼는데 설명 방식이 아주 독특해. 무조건 질문부터 던지는 거야. 그리고 노벨상 수상자들이 이 질문을 어떻게 해결했는지를 이야기하고 있어. 누구도 생각하지 못한 방식으로 가장 먼저 의문을 품고 질문한 과학자들이 노벨상과 과학 기술의 혁신을 가져왔단다. 과학을 하려면 호기심을 가지고 질문하는 것이 무엇보다 중요해. 학교 교육이나 교과서에 길들여진 우리에게 과학적 사고와 질문의 가치를 일깨우는 좋은 과학책이야.

- 안광복 지음, 『소크라테스의 변명, 진리를 위해 죽다』, 사계절, 2004
- 정인경 지음, 『모든 이의 과학사 강의』, 여문책, 2020
- 리언 레더먼 · 딕 테레시 지음, 박병철 옮김, 『신의 입자』, 휴머니스트, 2017
- 이완 라이스 모루스 외 지음, 임지원 옮김, 『옥스퍼드 과학사』, 반니, 2019
- 김승섭 지음, 『우리 몸이 세계라면』, 동아시아, 2018

II. 물질

『뉴턴의 시계』
에드워드 돌닉 지음 | 노태복 옮김 | 책과 함께 | 2016

저자 에드워드 돌닉은 과학 전문기자이며 베스트셀러 작가야. '과학혁명과 근대의 탄생 과정'을 한 편의 소설처럼 썼단다. 그가 이 책에서 주목한 것은 세계관의 변화야. 뉴턴의 고전역학이 어떻게 근대적 세계관으로의 변화를 일으켰는지 보여주고 있어. 뉴턴은 예전과 다르게 우주를 보기 시작했어. 우주가 톱니바퀴가 맞물려 한 치의 오차도 없이 움직이는 시계처럼 작동한다고 생각했지. 한 달 후나 100년 후나 똑같이 움직이니까 앞으로 일어날 일을 얼마든지 예측할 수 있겠지. 이렇게 자연 세계를 이해한 것은 인류에게 엄청난 자신감을 주었어. 중력뿐만 아니라 빛이나 소리, 전기, 자기, 열 등을 측정해서 그 정체를 알아낼 수 있고. 그러면 이것을 이용해서 자연 세계를 바꿔나갈 수 있다고 생각한 거야. 이 책은 과학 혁명의 역사적 배경을 이해하기 좋은 과학책이란다.

『시민의 물리학』
유상균 지음 | 플루토 | 2018

이 책을 쓴 물리학자 유상균은 과학을 '세계관을 바꾸는 학문'이라고 말해. 예컨대 뉴턴이 빛을 입자라고 생각했다면 패러데이는 빛을 파동이라고 했어. 아인슈타인은 빛이 입자이면서 동시에 파동이라고 했지. 빛 하나를 보더라도 과학자마다 다르게 보고 개념화했어. 이렇게 새로운 과학적 개념의 출현은 과학의 도약이며 세계를 보는 관점을 바꾼 거야. 이 책은 과학의 역사에서 이러한 세계관의 변화 과정을 잘 보여주고 있어. 또한 저자는 우리가 앎의 주체라는 것을 강조해. 과학을 통해 세계를 더 정확하고 깊이 있게 이해하면 자신의 삶도 변화하니까. 앎은 삶을 바꾼다. 역사적으로 시민은 정치적 주권을 찾고 민주주의를 실현한 사람들이야. 더 나은 세상을 꿈꾸는 시민에게 과학은 꼭 알아야 할 지식이지. 그런 의미에서 시민과 물리학을 연결해서 '시민의 물리학'이라는 책 제목을 지었다고 해.

『호기심의 과학』
유재준 지음 | 계단 | 2016

지루하고 어려운 물리학을 어떻게 하면 재미있게 가르칠까? 이 책의 저자 유재준 교수는 이걸 고민하다가 일상에서 '과학적으로 생각하는 법'을 찾아 나섰어. 바로 '호기심의 과학'이지. 자석은 왜 철을 끌어당길까? 하늘의 구름은 왜 떨어지지 않을까? 빛은 어떻게 색이 되는 거지? 『호기심의 과학』은 평소에 우리가 궁금했던 질문을 던지고 있어. "왜 그럴까?"에서 "어떻게 그걸 알았지?"로 연결되는 과정에서 물리학의 핵심 개념들을 소개해. 사실 우리가 배우는 교과서는 개념이나 법칙부터 나오는데 이 책은 반대로야. 우리 주변의 현상에서 느끼는 호기심에서 출발해서 교과서에서 배우는 수학 공식과 물리 법칙의 의미를 끄집어내서 설명하고 있어. 서울대에서 '생각하는 과학'으로 유명한 강의였는데 이렇게 책으로 나와서 반가운 일이야.

- 이공주복 지음, 『세상 뭐든, 물리1 : 고전역학』, 동아시아, 2017
- 조진호 지음, 『그래비티 익스프레스』, 위즈덤하우스, 2018
- 리처드 도킨스 지음, 데이브 매킨 그림, 김명남 옮김, 『현실, 그 가슴 뛰는 마법』, 김영사, 2011
- 제임스 글릭 지음, 김동광 옮김, 『아이작 뉴턴』, 승산, 2008
- 스티븐 그린블랫 지음, 이혜원 옮김, 『1417년, 근대의 탄생』, 까치, 2013

III. 에너지

『패러데이와 맥스웰』
낸시 포브스·배질 마혼 지음 | 박찬·박술 옮김 | 반니 | 2015

뉴턴은 자신의 성과가 "거인의 어깨 위에 서 있다."고 말했잖아. 아인슈타인이 영국을 방문했을 때 기자들이 그가 뉴턴의 어깨 위에 서 있냐고 물었어. 그러자 아인슈타인은 자신은 뉴턴이 아니라 맥스웰의 어깨 위에 서 있다는 유명한 말을 남겼어. 패러데이와 맥스웰은 물리학에서 뉴턴과 아인슈타인 사이에 다리를 놓은 중요한 과학자야. 이 책은 이 두 과학자의 과학적 발견과 삶을 균형감 있게 그려내고 있어. 전기와 에너지는 당시에 완전히 새로운 개념이었거든, 패러데이가 창안한 장이라는 개념, 빛과 전기, 자기, 에너지의 실체를 이해하는 데 큰 도움을 될 거야. 패러데이와 맥스웰은 과학적으로 중요한 발견을 했지만 인간적으로도 본받을 점이 많은 훌륭한 과학자였어. 패러데이는 노동자 계급에서 자수성가한 과학자이고, 맥스웰은 영국의 엘리트 코스를 밟은 과학자였지. 이 둘이 출신 배경은 달랐지만 전자기학을 위한 열정은 똑같았어. 이 책을 읽으면 매일 사용하는 전기 에너지가 더욱 소중하게 다가올 거야.

『일렉트릭 유니버스』
데이비드 보더니스 지음 | 김명남 옮김 | 글램북스 | 2014

　데이비드 보더니스는 과학책을 재미있게 쓰는 탁월한 이야기꾼이야. 『E=mc²』와 같은 그의 책들은 10여 년이 넘게 스테디셀러로 사랑받고 있어. 이 책에는 조지프 헨리, 에디슨, 패러데이, 맥스웰, 헤르츠, 앨런 튜링 등의 걸출한 과학자와 발명가가 등장해. 이들의 이야기를 중심으로 전기가 우리 사회를 어떻게 근본적으로 바꾸었는지를 보여주고 있어. 흥미진진한 개인적 에피소드와 역사적 사건이 함께 소개되고 있지. 읽다 보면 "전기 때문에 세상이 이렇게 변했구나." 느낄 수 있어. 우리가 오늘날에도 '어얼리 어댑터'나 '디지털 리터러시'라는 말을 쓰잖아. 새로운 과학 기술이 나왔을 때 그것의 원리와 기능을 이해하고 이용하는 것이 얼마나 중요한지를 알 수 있을 거야. 보더니스는 어려운 과학 개념을 쉽게 풀어서 설명하고 뇌과학이나 양자역학, 컴퓨터 과학까지 설명하고 있단다.

『우리는 모두 그레타』

발렌티나 잔넬라 지음 | 마누엘라 마라찌 그림 | 김지우 옮김 | 생각의 힘 | 2019

에너지는 지구 환경과 밀접히 연관되어 있어. 최근에 사회적 이슈가 되는 지구 온난화의 문제에 큰 영향을 미치지. 석탄이나 석유와 같은 화석연료의 사용으로 이산화탄소가 배출되어 기후 변화를 일으키니까. 에너지와 기후 변화를 다룬 책으로 두 권을 소개할게. 『우리는 모두 그레타』는 스웨덴의 16살 소녀, 그레타 툰베리의 이야기야. 그 친구는 정말 어른들을 부끄럽게 만들고 있어. 지구 온난화로 지구의 파국이 올 것을 경고하며 행동에 나섰지. 어른들이 저지른 기후 변화가 미래의 아이들에게 떠넘겨지는 거니까. 툰베리는 기후 변화를 부정하는 어른들에게 "과학에 귀 기울이세요."라고 경고하고 있어.

『파란 하늘 빨간 지구』

조천호 지음 | 동아시아 | 2019

『파란 하늘 빨간 지구』는 국립기상과학원에서 30년 동안 우리나라의 대기를 연구한 조천호 박사가 쓴 책이야. 이 책은 미래를 예측하는 과학적 사실로 채워져 있어. '기후변화에 관한 정부 간 협의체'(IPCC)의 보고서를 바탕으로 써내려간 지구의 미래는 암울하기 짝이 없어. 우리가 지금 당장 이산화탄소를 감축하지 않으면 2040년에 지구의 평균 기온이 1.5도 오른다는 거야. 지난 500만 년 동안 지구 평균 기온이 2도 이상 상승한 적이 없으니까, 앞으로 20년 사이에 우리는 지구에서 경험하지 못한 극한 기후에

처하게 된다는 거지. 이 책을 읽으며 더욱 놀라운 사실이 또 있어. 우리나라
가 기후 위기를 초래하는 나쁜 나라라는 거야. 조천호 박사가 제시하는 지
표로는, 한국이 세계에서 7번째 온실가스 배출국이고, 9번째 에너지 소비국
이야. 우리는 에너지를 펑펑 쓰는 편안한 삶에 길들어 있어. 에너지를 적게
쓰고 이산화탄소를 줄이는 생활은 불편하더라도 우리의 미래를 위해 꼭 해
야 할 일이야.

- 정동욱 지음, 『패러데이 & 맥스웰, 공간에 펼치는 힘의 무대』, 김영사,
  2010
- 제임스 글릭 지음, 박래선, 김태훈 옮김, 『인포메이션』, 동아시아, 2017
- 최무영 지음, 『최무영 교수의 물리학 이야기』, 북멘토, 2019
- 최무영 지음, 『최무영 교수의 물리학 강의』, 책갈피, 2019
- 슈테판 츠바이크 지음, 안인희 옮김, 『광기와 우연의 역사』, 휴머니스트,
  2004

IV. 진화

『종의 기원, 자연선택의 신비를 밝히다』

윤소영 지음 | 사계절 | 2004

이 책은 다윈의 『종의 기원』을 청소년이 알기 쉽게 풀어쓴 책이야.

다윈은 『종의 기원』에서 자연선택, 변이, 공통조상, 생명의 나무, 개체군 등의 새로운 개념을 만들어서 '자연선택에 의한 진화론'을 주장했어. 생물종이 진화한다는 자연의 보편적 법칙을 밝히기 위해 과학적으로 논증한 책이지. 1859년에 초판이 출간되었을 때 다윈의 자연선택 이론을 제대로 이해하는 과학자들은 드물었어. 사실 다윈의 진화론이 널리 알려진 것은 20세기 중반에 이르러 생물학에서 진화론을 입증하는 사례가 나오고 나서야. 진화론의 논리가 과학적 사실로 보강된 후에야 정확히 이해하게 된 거지. 학생들이 『종의 기원』을 직접 읽기가 어려운데 윤소영 선생님이 훌륭한 해설서를 써주었어. 『종의 기원』에 나오는 주요 문장을 그대로 살리고 진화론의 핵심적인 개념을 덧붙여서 자세히 설명해 주었단다.

『경이로운 생명』
브라이언 콕스·앤드류 코헨 지음 | 양병찬 옮김 | 지오북 | 2018

『경이로운 생명』(*Wonders of life*)은 영국 BBC에서 만든 다큐멘터리를 책으로 엮은 거란다. 진행자 브라이언 콕스는 맨체스터 대학교에서 물리학과 천문학을 가르치는 입자물리학자야. 물리학자가 생명현상을 다루는 다큐멘터리를 찍었다는 것부터 파격적이라고 할 수 있어. 과연 생명과 진화를 물리학의 관점과 용어로 설명하는 것이 가능할까? 궁금할 텐데 결과는 대만족이야. 이보다 더 좋을 수는 없을 만큼 다큐멘터리와 책 모두 훌륭해. 처음에 슈뢰딩거가 『생명이란 무엇인가』에서 했던 질문을 던지고 답을 찾아나서. "어떻게, 살아 있는 생물의 공간적인 경계 안에서 일어난 시공간적 사건들을 물리학과 화학으로 설명할 수 있을까?" 지난 수십 년 동안 우리는 생명에 대해 많은 것을 알게 되었어. 폭발적으로 과학 지식이 증가했는데 이것을 일반 사람들에게 쉽게 설명하려고 다큐멘터리로 만든 거야. 생명과 진화에 대해 통합 과학 수업 시간에 배우면 좋은 교재가 될 거야.

『내 안의 물고기』

닐 슈빈 지음 | 김명남 옮김 | 김영사 | 2009

미국의 고생물학자, 닐 슈빈은 2004년에 북극 엘스미어 섬에서 '발이 있는 물고기'의 화석을 발견했어. 3억 7500만 년 전 지구에서 살았던 이 물고기에 '틱타알릭'이라는 이름을 지어주었지. '틱타알릭'은 어류와 육상 동물의 중간 단계에 해당하는 화석 증거야. 화석은 인간의 먼 선조가 물에서 땅으로 올라와 사지동물이 되고, 진화해서 우리 몸 구조와 감각기관이 되었다는 것을 보여 주고 있어. 화석 말고도 생명의 역사를 알려주는 증거가 또 있지. 바로 현생 생물의 몸을 형성하는 유전자야. 이 책에서 닐 슈빈은 고생물학과 발생유전학을 통해 우리 자신의 과거, 현재, 미래를 이해하는 방법을 소개하고 있어. 우리 몸은 어류, 파충류 등의 다른 생물들과 해부 구조가 놀라울 정도로 비슷해. 인간의 손은 물고기의 지느러미를 닮았어. 닐 슈빈은 인간을 "업그레이드된 물고기"라고 말하고 있지. 이 책을 통해 장구한 진화의 역사를 확인할 수 있단다.

● 파비앵 그롤로 글, 제레미 루아예 그림, 김두리 옮김, 『다윈의 기원 비글

호 여행』, 이데아, 2019

● 리처드 포티 지음, 이한음 옮김, 『살아 있는 지구의 역사』 까치, 2005

● 에른스트 마이어 지음, 최재천 외 옮김, 『이것이 생물학이다』, 바다출판사, 2016

● 마이클 모즐리, 존 린치 지음, 이미숙 옮김, 『끝나지 않은 과학 이야기』, 시그마북스, 2011

● 제리 코인 지음, 김명남 옮김, 『지울 수 없는 흔적』, 을유문화사, 2011

● 찰스 다윈 지음, 권혜련 외 옮김, 『찰스 다윈의 비글호 항해기』, 샘터, 2006

● 찰스 다윈 지음, 이종호 엮음, 『인간의 유래와 성선택』, 지식을 만드는 지식, 2012

● 에이드리언 데스먼드 · 제임스 무어 지음, 김명주 옮김, 『다윈 평전』, 뿌리와이파리, 2009